水产养殖节能减排实用技术

农业部渔业渔政管理局
全国水产技术推广总站　组编

U0370177

中国农业出版社

图书在版编目（CIP）数据

水产养殖节能减排实用技术 / 农业部渔业渔政管理局，全国水产技术推广总站组编. — 北京：中国农业出版社，2014.10
ISBN 978-7-109-19680-3

Ⅰ. ①水… Ⅱ. ①农… ②全… Ⅲ. ①水产养殖 - 养殖工程 - 节能 - 技术 Ⅳ. ① S95

中国版本图书馆 CIP 数据核字（2014）第 231619 号

中国农业出版社出版
（北京市朝阳区麦子店街18号楼）
（邮政编码100125）
责任编辑　郑珂

中国农业出版社印刷厂印刷　　新华书店北京发行所发行
2015年3月第1版　　2015年3月北京第1次印刷

开本：880mm×1230mm 1/32　印张：9　插页：6
字数：226千字
定价：28.00元
（凡本版图书出现印刷、装订错误，请向出版社发行部调换）

编　委　会

前言 | PREFACE

为深入贯彻落实《国务院关于促进海洋渔业持续健康发展的若干意见》（国发[2013]11号）和全国现代渔业建设工作电视电话会议精神，进一步推动水产养殖节能减排工作的开展，农业部渔业渔政管理局会同全国水产技术推广总站在总结2009年以来渔业节能减排项目实施情况的基础上，收集整理了各地的水产养殖节能减排新技术、新模式，内容包括立体种养、池塘底排污、水质改良、高效增氧、水质在线监测、工厂化循环水养殖等，这些技术、模式具有节水、节能、减排、环保、高效等特点。现将这些新技术和新模式汇集成《水产养殖节能减排实用技术》一书，供广大渔业管理者、技术人员和水产养殖者学习、参考和借鉴。

希望通过本书的出版发行，宣传水产养殖节能减排理念，传播水产养殖节能减排知识，加快水产养殖节能减排新技术、新模式的推广应用，促进我国水产养殖业从数量型向质量效益型、环境友好型转变。

本书在编辑出版过程中，得到了有关水产技术推广部门及有关专家的大力支持，在此表示衷心感谢！

由于编者水平有限，本书不足之处敬请广大读者批评指正。

编者

2014年12月

目 录 | CONTENTS

鱼菜共生综合种养技术

一、技术概述

（一）定义

鱼菜共生是基于生态共生原理，在同一水体中把水产养殖与蔬菜种植有机结合，实现养鱼不换水、种菜不施肥的资源可循环利用的综合种养模式。

（二）背景

1. 地理环境

全国多数老旧池塘，尤其是在丘陵及山区，池塘大多分散、规模小且不规则，一般没有独立的排灌设施，垂直落差大，提灌成本高，换水难，多数池塘靠天蓄水，且养殖年限长，养殖废弃物逐年沉降，池塘淤泥较厚，一般都超过30厘米，水质富营养化严重，养殖效益低。

2. 养殖现状

当前全国土地资源珍贵，重庆地区池塘租金均价超过1 000元/亩①，常规鱼池塘养殖如果产量达不到700千克/亩，几乎无利润可言。因此，精养池塘由于养殖密度较大，单产一般在1 000千克/亩，高的达2 500千克/亩，在提高产量的同时，由于饲料投入大，鱼类排泄及残饵较多，造成水质变差、水体变肥、水环境变坏，直接影响水产品品质。

3. 解决难题

池塘鱼菜共生综合种养技术，通过原位生物调控，能有效解决

---

① 亩为非法定计量单位，1公顷=15亩，以下同。——编者注

上述诸多问题。同时，较常规调控方法（如增氧机、化学试剂、微生物制剂等）具有作用时间长、效果明显、成本低廉等优点，还可保障池塘水体生态安全。

（三）技术优势

鱼菜共生是一种生态型可持续发展农业新技术，通过在鱼类养殖池塘水面种植蔬菜，利用蔬菜根系发达、生长时对氮和磷需求高等特性，通过水质原位生物调控方式，在池塘内形成"鱼肥水—菜净水—水养鱼"的循环系统，达到鱼和菜和谐共生。该技术具有原位生物调水，吸收池塘废弃氮、磷，缓解池塘水体富营养化，充分利用土地（水面）资源，通过光合作用增氧，遮阳避暑，提高水产品品质，卖菜增收，减少水、电、药投入以及制造景观工程等诸多优势。

（四）技术成熟、应用广泛

池塘鱼菜共生技术从研发到推广已历时5年，实现了诸如空心菜、草莓、丝瓜、菱角、水芹菜、竹叶菜、黑麦草、小麦等多种陆生蔬菜、粮食的水培，已形成完整的水上蔬菜种植、浮床制作和池塘健康养殖技术，并制定完成了《池塘鱼菜共生综合种养技术规范》的重庆市地方标准。中央电视台、重庆电视台分别为该项技术制作了专题节目。该技术在重庆乃至全国范围推广面积达到20万亩以上。

二、技术要点

（一）池塘养殖技术要点

池塘养殖以池塘"一改五化"技术为核心。"一改"指改造池塘基础设施;"五化"包括水质环境洁净化、养殖品种良种化、饲料投喂精细化、病害防治无害化、生产管理现代化。

1. 改造池塘基础设施

（1）小塘改大塘　将用于成鱼养殖不规范的小塘并成大塘,池塘以长方形东西向为佳(长宽比约为2.5∶1),面积以10~20亩为宜。

（2）浅塘改深塘　通过塘坎加高、清除淤泥实现池塘由浅变深,使成鱼塘水深保持在2.0~2.5米,鱼种池水深1.5米左右,鱼苗池水深在0.8~1.2米。

（3）整修进、排水系统　整修进水、排水、排洪沟渠等配套设施,要求每口池塘能独立进、排水,并安装防逃设备。

2. 水质环境洁净化

1）池塘水质的一般要求

（1）悬浮物质　人为造成的悬浮物含量不得超过10毫克/升。

（2）色、嗅、味　不得使鱼、虾、贝、藻带有异色、异味。

（3）漂浮物质　水面不得出现明显的油膜和浮沫。

（4）pH　pH为6.5~8.5。

（5）溶解氧　24小时中16小时以上,溶氧量必须大于5毫克/升,任何时候不得低于3毫克/升,保持水质"活""嫩""爽"。

2）池塘水质调控

（1）生物调控　鱼菜共生调控,以菜净水,以鱼长菜;微生物制剂调控,使用光合细菌、芽孢杆菌、硝化细菌等有益细菌,实现净水;以鱼养水,适当增加滤食性鱼类和食腐屑性鱼类投放量,改善池塘的生态结构,实现生物修复;保持池水"活""爽""嫩",透明度在35厘米以上。

（2）物理调控　① 合理使用增氧机:晴天中午开,阴天清晨开,连绵阴雨半夜开,傍晚不开,浮头早开;天气炎热开机时间长,天气凉爽开机时间短,半夜开机时间长,中午开机时间短,负荷面大开机时间长，负荷面小开机时间短。实现其增氧、搅水、曝气的作用。② 加注新水：根据池塘水体蒸发量适当补充新水，有条件的地方可每月加注新水1次。③ 适时适量使用环境保护剂：在养殖的中、后期，根据池塘底质、水质情况每月使用1~2次。生石灰为20~30千克/亩；沸石粉为30~50千克/亩。

3. 养殖品种良种化

（1）主养品种　选择优质鱼类（如优质鲫、草鱼、斑点叉尾鮰、团头鲂、泥鳅、翘嘴红鲌、黄颡鱼等）作为主养品种必须具备三个条件：一是具有市场性（适销对路），二是苗种可得性（有稳定的人工繁殖鱼苗供应），三是养殖可行性（适应当地池塘生态系统）。

（2）养殖模式　池塘80：20养殖模式。

（3）鱼种质量　各种鱼种标准参照已有的标准和鱼种质量鉴定标准执行。要求品种纯正，来源一致，规格整齐，体质健壮，无伤病。

（4）鱼种规格　主养鱼类规格整齐，体重差异在10%以内，搭养鱼类个体大小一般不得大于主养鱼类。

4. 饲料投喂精细化

1）饲料的选择

饲料有良好的稳定性和适口性，饲料要求新鲜、不变质、物理性状良好、营养成分稳定；饲料加工均匀度、饲料原料的粒度符合饲料加工的质量要求。

2）饲料投喂量的确定

根据天气、水温和鱼的摄食情况，合理调节投饲量及投喂次数。水温低于18℃时，3月以前，日投饲量一般为体重的1%~2%；18℃以上时，4—6月为3%~5%；7—9月为5%~8%；10月以后为2%~3%，并根据水温逐渐减少。

3）饲料投喂方法

坚持"四定"（定时、定位、定质、定量）及"四看"（看季节、看天气、看水质、看鱼吃食和活动）原则。

（1）定时　每天按时投喂饲料，便于观察鱼类的活动和觅食情况。每天投喂3次，分别为08：00—09：00、12：00—13：00、18：00—19：00各1次。

（2）定量　投饲量要科学合理。一般以投喂1小时内吃完为宜，否则，第二天少投；如果发现饲料快速吃完，则第二天应适当增加投饲量。

（3）定质　投喂的饲料要新鲜，不能投喂腐败变质的饲料。

（4）定位　饲料定点投喂，使鱼类养成定点摄食的习性。

（5）"四看"　应根据实际情况灵活掌握投食量。

5. 病害防治无害化

1）疾病的预防

优化池塘养殖环境：在养殖中、后期根据养殖池塘底质、水质情况，每月使用环境保护剂 1~2 次。合理放养和搭配养殖品种，保持养殖水体正常微生物菌群的生态平衡，有效预防传染性暴发性疾病的流行。

2）切断传播途径，消灭病原

（1）严格检疫　加强流通环节的检疫及监督，防止水生动物疫病的流行与传播。

（2）鱼种消毒　入塘前对鱼种消毒的药物主要为食盐（浓度2%~4%，浸洗5~10分钟，主要防治白头白嘴病、烂鳃病，杀灭某些原生动物、三代虫、指环虫等）和漂白粉（浓度为10~20克/米³，浸洗10分钟左右，能防治各类细菌性疾病）。

（3）饵料消毒　水草用6克/米³的漂白粉溶液浸泡20~30分钟，经清水冲净后投喂；陆生植物和鲜活动物性饵料用清水洗净后投喂。

（4）工具消毒　网具用10克/米³硫酸铜溶液浸洗20分钟，晒干后再使用；木制工具用5%漂白粉液消毒后，在清水中洗净再使用。

（5）食场消毒　及时捞出食场内残饵，每隔1~2周用漂白粉1克/米³，或强氯精0.5克/米³，在食场水面泼洒消毒或在食场周围挂篓、挂袋消毒。

3）流行病季节的药物预防（3—9月）

（1）体外预防　食场挂袋、挂篓。

（2）全池遍洒　每隔半个月用30克/米³的生石灰消毒，也可使用其他药物，如漂白粉等。

（3）体内预防　选用中草药（每100千克鱼用大黄30克、黄芩24克、黄柏16克、小苏打30克）粉碎后拌饲投喂。

4）增强鱼体抗病能力

（1）放养优良品种　选择抗病力强、体质健壮、规格整齐、来源一致的养殖品种放养，严禁放养近亲繁殖和回交种类。

（2）投喂优质适口饲料　投喂营养全面、新鲜、不含有毒成分，并通过精细加工，在水中稳定性好、适口性强的饲料。

（3）免疫接种　注射疫苗，使鱼类产生抗体，获得免疫力。

5）严禁乱用药物

水产养殖用药应当符合《兽药管理条例》和农业部《无公害食品　渔用药物使用准则》（NY5071—2002）。不得使用违禁渔药。

6. 生产管理现代化

（1）了解当年鱼价走势，分析明年市场　通过农网广播、咨询专家和随时关注当地以及全国渔业行业官方网站了解鱼类行情，预估翌年走势，合理安排养殖品种。

（2）结合本地实情，设计出鱼计划　根据当地的消费习惯和外来鱼周期，实行错档出鱼，以取得较好的效益，一般春季前和夏季高温季节，消费者购鱼意愿高，外来鱼较少，鱼价相对高。

（3）放养优质鱼种，合理使用饲料　从正规养殖场引进优质苗种养殖，采购正规厂家生产的饲料，适当补充粗蛋白饲料。

（4）落实生产计划，加强生产管理　年初制定生产计划，有条不紊地开展全年生产，加强养殖场的日常管理。

（二）蔬菜栽培技术路线

1. 浮架制作

1）平面浮床

（1）PVC管浮床制作方法　通过PVC管（直径50～90毫米）制作浮床，上、下两层各有疏、密2种聚乙烯网片分别隔断吃草性鱼类并控制茎叶生长方向，管径和长短依据浮床的大小而定，用PVC管弯头和黏胶将其首尾相连，形成密闭、具有一定浮力的框架，详见图1所示。

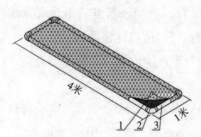

图1　PVC管浮床制作方法

1. 表层疏网（用2～4厘米的聚乙烯网片制作）　2. 底层密网（用小于0.5厘米的聚乙烯网片制作）　3. PVC管框架（直径50～90毫米的PVC管）

综合考虑浮力、成本和浮床牢固性的原则，以直径75毫米PVC管为最好。

此种制作方法成功解决了草食性、杂食性鱼类与蔬菜共生的问题，适合于任何养鱼池塘。

（2）竹子浮床制作方法 选用直径在5厘米以上的竹子，管径和长短依据浮床的大小而定，将竹管两端锯成槽状，上、下相互卡在一起，首尾相连，用聚乙烯绳或其他耐锈蚀材料的绳索固定。具体形状可根据池塘条件、材料大小、操作方便灵活而定，详见图2所示。

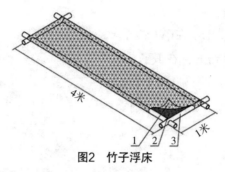

图2　竹子浮床

1. 表层疏网（用2～4厘米的聚乙烯网片制作）　2. 底层密网（用小于0.5厘米的聚乙烯网片制作）　3. 竹子框架（直径50～70厘米的竹子）

表1　PVC管材、竹子单个浮床（4米×1米）制作成本对照

管材	规格	单价	数量/个	胶水（铁丝）/元	弯头/个	单价/元	人工/元	网片/元	合计/元	年投入/元
PVC	75毫米×3.8米	16元	2.5	0.9	4	1.2	12.4	7.7	65.8	16.5[①]
竹子	大竹子	就地取材	4	0.3	0	0	22.3	7.7	30.3	10.1[②]

注：①PVC浮床按使用年限4年计；②竹子浮床按使用年限3年计。

通过表1可以看出，PVC材料浮床每个（4米×1米）约需65.8元，按使用年限为4年，则平均每个浮床年投入约需16.5元。在就地取材，无需运输购买的情况下，竹子材料浮床（4米×1米）制作每个约需30.3元，按使用年限为3年，则平均每个浮床年投入约需10.1元，每个竹子浮床较PVC管材浮床每年节约6.4元，成本相对较低，但规范性、美观性、牢固性方面稍差，且容易变形、进水，且竹子较重，管理麻烦。

（3）其他材料浮床　凡是能浮在水面的、无毒的材料都可以用来制作浮床，如废旧轮胎、泡沫、塑料瓶等，可根据经济、取材方便的原则选择合适浮床。

2）立体式浮床

（1）拱形浮床　在PVC管浮床（图1）的基础上，在其长边和宽边的垂直方向分别留2个和1个以上中空接头，用PPR管或竹子等具有一定韧性的材料搭建成拱形的立体框架，如图3和彩图1所示。

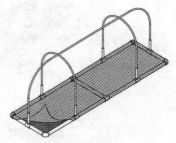

图3　拱形浮床

（2）三角形浮床　在PVC管浮床（图1）的基础上，在其长边和宽边的45°方向分别留2个和1个以上中空接头，用PVC管等具有一定硬度的材料搭建成三角形立体框架，如图4所示。

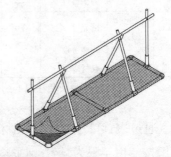

图4　三角形浮床

2. 栽培蔬菜种类选择

我国池塘养殖鱼类生长旺季主要在5—9月，水温在22～30℃，生长迅速，代谢旺盛，每天消耗大量的饲料，产生较多的粪便，残饵和粪便经过一系列氨化分解反应转化为水体的氨氮，这也是造成水质变差的主要原因；而通过植物的固氮作用，可以将水体中的氨氮转化为无毒硝酸盐和氮气，以达到净水的目的。

空心菜属蔓生植物，根系分布浅，为须根系，再生能力强，喜高温多湿环境，蔓叶生长适温为25～30℃，温度越高，生长越旺盛，采摘间隔时间越短；喜充足光照，对密植的适应性也较强，对土壤条件要求不严格，空心菜喜肥喜水，需肥量大，耐肥力强，对氮肥的需求量特别大。而空心菜生长旺季与鱼类同期，是池塘鱼菜共生的理想种植品种。

养殖户也可以根据生产和市场需要，选择其他蔬菜，一般夏季种植绿叶菜类有空心菜等，藤蔓类蔬菜有丝瓜、苦瓜等；冬、春季节种植蔬菜有西洋菜、生菜、水芹、草莓等。参考蔬菜种植品种详见彩图2和图5～图12所示。

3. 蔬菜栽培时间

空心菜、丝瓜、苦瓜等夏季蔬菜，4月下旬以后，水温高于15℃时开始种植；西洋菜等秋季蔬菜，10月下旬以后，温度15℃以上时，开始种植。其他蔬菜种植品种根据生长季节和适宜生长温度

图5　水上草莓

图6　水上丝瓜

图7　水上空心菜　　　　　图8　水上菱角和空心菜

图9　水上水芹　　　　　　图10　水上小麦

图11　水上黑麦草　　　　　图12　水上折耳根

栽种。重庆气候温暖，鱼池大都在海拔500米以下，冬季不结冰，可实现全年种植不同种类蔬菜。其他地区应根据水温灵活确定蔬菜种植时间。

4. 蔬菜种植比例

根据近4年池塘种植不同比例蔬菜进行的试验示范，总结出不同肥瘦程度的池塘蔬菜种植面积的参考比例，详见表2所示。

表2　池塘种植蔬菜面积比例参考

池塘类别	池塘年限	养殖单产/亩	水体、底泥颜色	透明度	淤泥深度	参考种植比例	备注
普通池塘	3年以下	800千克以下	水色浅，清淡	50厘米以上	10厘米以下	0%～3%	根据各个参考指标，可以在参考种植比例范围内上下浮动，但种植比例最好在20%以内
精养池塘	3年	800千克	水色茶色、茶褐色、黄绿色、棕绿色等	30厘米以下	30厘米以上	3%～5%	
精养池塘	5年	1 000千克	水色较浓，颜色黄褐色、褐绿色、深棕绿色，有腥臭味，底泥颜色黑	20厘米以下	40厘米以下	5%～10%	
精养池塘	5年以上	1 000千克以上	水色浓，颜色发黑，铜绿色等，底泥颜色黑，有腥臭味	10厘米以下	50厘米以上	10%～15%	

5. 蔬菜栽培技术方法

主要采用移植的方式栽种。可采用扦插栽培（彩图3）、种苗泥团移植和营养钵移植等方法进行池塘蔬菜无土种植，扦插栽培最省时省力，后两种采用营养底泥（塘泥即可）作为肥料，成活率相对较高。

6. 蔬菜收割的技术方法

采摘后应做好记录，包括收获池塘编号、池塘面积、收获蔬菜面积以及产量、处理方式（销售或者投喂）、销售收入以及投入量等。

空心菜等蔬菜采摘，当株高为25～30厘米时就可采收，采收周期根据菜的生长期而定，一般10～15天采收1次。其他蔬菜根据生长状况适时采收。

7. 浮床清理及保存

在收获完蔬菜或者需要换季种植蔬菜时，应通过高压水枪或者刷子将床体上以及上、下2层网片上的青苔等杂物清理掉，阴凉处晾干。若冬天未进行冬季蔬菜种植，应将浮床置于水中或者将其清理加固处理后，堆放于阴凉处，切不可在室外雨淋日晒。

8. 捕捞

一般使用抬网捕捞，捕捞位置固定，而鱼菜共生浮床对捕捞没有影响。如拉网式捕捞，可将浮床适当移动，对捕捞影响也不大。

三、增产增效情况

池塘鱼菜共生养殖模式与传统养殖模式相比，平均亩产能提高10%左右，节约水电成本投入约30%，节约鱼药成本投入50%左右，病虫害显著减少，鱼类品质有一定程度改善，综合生产效益可提高30%~80%。

（一）推广效益情况

以重庆为例，2011—2013年在重庆市总推广面积达到11.1万亩，总产水产品14.4万吨，总产蔬菜9.9万吨，总产值达到21.2亿元，获总利润5.2亿元，社会效益、经济效益十分显著。上升为全国主推技术后，全国预计推广面积可达到20万亩以上。

池塘水面种植的蔬菜完全符合水生蔬菜绿色食品标准，通过绿色食品标志认证后，池塘鱼菜共生效益将再次得到极大提高。

（二）亩收益支出对比情况

项目亩产、亩均收入方面，实施鱼菜共生前后都有了较大的提高。平均亩产水产品1 294.4千克，较技术推广应用前增产48.7%；平均亩产蔬菜893.1 千克，平均亩利润达到4 684.7元。其中，蔬菜新增纯收入达到1 346.1元/亩，是项目实施前亩均利润的2.3倍，详见表3所示。

表3　2010—2013年亩均效益对比情况

年份	水产品亩产/千克	蔬菜亩产/千克	亩收入/元	亩利润/元
2010年	870.6	0	9 576.6	2 034.8
2011年	1 078.7	714.8	12 168.0	2 521.0
2012年	1 303.3	923.9	16 616.1	4 889.2
2013年	1 317.6	897.4	19 792.5	5 836.8

项目实施前后亩均投入方面，除了物价因素导致饲料、塘租等投入上涨外，其全年节约水电投入57.6%、药物投入65.0%、人工费用投入20.6%，每年间接增加渔民收入583.5元/亩，社会效益、经济效益十分显著，详见表4所示。

表4　2010—2013年亩均投入对比情况

单位：元

年份	苗种	饲料	药物	水电	人工	塘租	蔬菜
2010年	2 085.2	5 369.3	321.6	458.3	536.4	700.6	0
2011年	1 683.3	6 111.8	170.8	272.4	512.5	740.1	254.5
2012年	2 841.4	6 875.5	112.6	194.5	425.7	906.2	284.8
2013年	2 675.0	8 836.6	130.8	190.5	576.5	820.8	509.6

（三）环境效益分析

根据蔬菜元素含量分析，每生产1千克空心菜，可以消纳1.45克氮和0.3克磷，在主要生产季节，较项目实施前降低水体氨氮含量达50.6%，池塘水体环境明显改善。

（四）水上蔬菜对池塘水质影响分析

通过对比试验发现，水质变化明显，水体变清，池塘透明度由15厘米增加到30厘米，病害发生相对较少。同一池塘中距离蔬菜种植区域越近，氨、氮等各个指标检测含量越低，反之则高，充分说明了池塘蔬菜对水塘水质的重要改善作用，具体指标变化见图13所示。

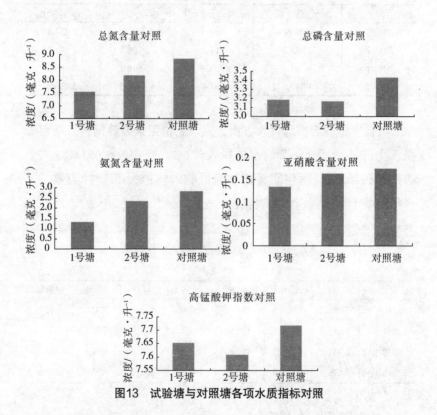

图13 试验塘与对照塘各项水质指标对照

（五）蔬菜布局

养殖户在生产过程中，应本着操作方便和发挥蔬菜调控水质作用最大化的原则，按照带状对鱼菜浮架进行布局，间距3～5米，带状固定，可整体移动，根据需要灵活调控水体内富营养化区域（彩图2）。

四、应用案例和注意事项

（一）应用案例

重庆市九龙坡区西彭镇重庆团渡水产养殖股份合作社有池塘面积上千亩，多是20世纪90年代开挖池塘，老旧，淤泥深度达50厘米以上，且养殖密度大，亩产1吨以上，池塘水质比较差，尤其是夏季水质尤其差，水质严重富营养化，鱼类经常生病，每年都要花费大量的钱去买渔药、净水剂，使用增氧机增氧，用抽水机抽水，加注新水，使用光合细菌、硝化细菌等，价格很高，每年每亩要花去300～400元，效果持续性差，时好时坏。合作社负责人慕宗友有80多亩池塘，每月高温季节光电费就有好几千元，渔药又要用去近600元，利润很少，这个问题也一直限制了合作社的发展，没有解决办法。

2011年重庆市水产技术推广站举办池塘鱼菜共生综合种养技术培训班，引起慕宗友的极大兴趣，主动联系专家开始了池塘种菜试验。刚开始种植的时候还受到了周边农民的怀疑。一开始慕宗友本人也是半信半疑，不过在专家的指导下，种植的约600米²的空心菜和30米²的丝瓜取得了极大的成功，长势非常好，产量也高，空心菜折合亩产近2 400千克，丝瓜折合亩产为2 150千克，且水中蔬菜不施肥、无农药，深受当地消费者欢迎，单价较陆地蔬菜贵0.5元以上，慕宗友本人每天采摘蔬菜向当地工厂供应约150千克，每天收入近500元，年蔬菜增收高达60 000元，亩均增收2 000多元，年水产品产量高达1 226千克/亩，带动周边80多户养殖户开展鱼菜共生，面积达到

3 000多亩，社会效益和经济效益十分突出。该养殖场被中央电视台《农广天地》栏目选定为"池塘鱼菜共生综合种养技术"专题节目制作基地之一。联系电话：13883260091。慕宗友鱼菜共生示范基地见彩图4和图14。

图14　慕宗友水上蔬菜丰收

（二）注意事项

①上、下2层网片要绷紧，形成一定间距，控制蔬菜向上生长和避免倒伏。

②蔬菜种植品种应多样化。

③浮架应呈带状布局，可以整体移动，以便根据需要变换水域和采摘。

④及时收割蔬菜，避免蔬菜在水中腐烂和影响后续生长。

⑤注意对水上蔬菜生产方式的宣传，实现卖菜增收。

⑥加强对水质变化的观察和监测，了解实施效果。

适宜区域：全国所有精养池塘，尤其是老旧池塘。

技术依托单位：重庆市水产技术推广站。

地址：重庆市江北区建新东路3号百业兴大厦13楼，邮编：400020，联系人：翟旭亮，联系电话：023-86716361。

（重庆市水产技术推广站　翟旭亮）

北方盐碱地池塘鱼、虾、菜
生态循环养殖技术

一、技术概述

（一）定义

在不改变或基本不改变水产养殖原有模式的情况下，利用一些适合在水中生长的植物，通过适宜的浮床，在水产养殖池塘上栽培。浮床植物生长所需营养来自水产养殖池塘中的底泥、残饵、养殖动物排泄物等，从而使水产养殖的污染物成为浮床植物的营养物，通过植物对营养物质的吸收，达到改善养殖水质的目的。通过浮床植物的收获，使富营养物质从池塘中转移，实现了池塘水质的原位净化，形成从养殖动物到浮床植物的生态循环养殖。

（二）背景

我国是一个农业大国，但人均耕地、优质耕地、后备耕地资源"三少"是我国的国情。目前，我国的水产品养殖产量已占到世界水产品养殖总产量的2/3，对世界水产养殖业的发展做出了重大贡献。但随着水产养殖业的迅猛发展，一些负面因素也随之出现，如养殖单产的快速提高，使得向池塘中投入的投入品数量增加，养殖动物的排泄量增多，造成水质的富营养化，解决水质问题的投入增加，养殖成本相应增加；养殖投入品（如饲料等）价格居高不下，而大宗养殖鱼类的价格一直在低位波动，低位运行下的价格状态使养殖者遭受亏损的威胁；水产养殖池塘的水质污染较严重，可观赏性差，不利于都市型、旅游型、休闲型渔业的发展等，这些都是制约水产养殖业可持续发展的瓶颈。

水培蔬菜是近几十年来发展起来的一种新的蔬菜栽培技术。由于它既可有效地克服蔬菜生产中的土壤泛盐、土传病虫害、连作障碍等问题，又可有效地提高单位面积的产量和质量，而且具有节约土地、能源、肥力、劳动力，生产出的蔬菜病害少、无污染等优点，该技术近几年来发展迅速。

20世纪80年代末，德国BESTMAN公司首先开发出人工浮床。此后，日本以及欧美的一些国家先后采用植物生态浮床技术治理水域，达到净化的目的。1991年以来，我国研究者利用浮床技术成功种植了46科的130多种陆生植物。2004年，格凌国际水研公司在昆明滇池进行了植物浮床净化试验。李兆华等2007年研制的水生浮床技术，成功栽培了蔬菜、花卉、青饲料和造纸原料4大类30多种陆生喜水植物。生态浮床技术由于其效率高、投资低、运转费用省等诸多优势，在我国科研及应用领域展现出蓬勃的生命力。

目前，我国南方地区已把水生蔬菜引入鱼池中种植，现在种植的蔬菜主要有空心菜、芹菜、茭白、生菜等。这些蔬菜种植在鱼池中，吸收了鱼池多余的氮、磷等营养物质，改善了水质，减少了水产养殖产生的水质污染和气味污染；同时，水生蔬菜的种植又为渔民带来了额外的经济收入。但这项技术在北方及盐碱地地区还没有规模化的种植推广。我国南方地区开展的种植实践表明，水生蔬菜的产量是普通温室产量的20倍；北方地区考虑气候原因，假设水生蔬菜的产量是温室产量的10倍，则该技术在北方盐碱地地区的大面积推广，不仅可改善养殖水质，提高养殖动物的质量，还可为北方地区增加大量的蔬菜供应。该技术还可延伸至城市景观水域的污染治理，其对城市及乡村大气质量的改善、城乡景观效果的改善、蔬菜和水产品质量安全的提高、节约土地、增加渔民收入等都将起到积极的推动作用。

（三）技术的先进性

北方盐碱地池塘鱼、虾、菜生态循环养殖技术的先进性包括：

① 筛选出6种适宜天津气候和盐碱地鱼池水质条件的浮床植物，归纳植物浮床种植技术要点，总结出适宜水产养殖池塘及现有浮床结构的植物特征。② 研制出2种新型生态浮床，其中"一种收纳式生态浮床"获得国家实用新型专利。③ 提出浮床植物改善养殖水质的机理。④ 通过试验，阐明了水环境因子，包括盐度、硬度、氨氮对浮床植物空心菜（*Ipomoea aquatica*）生长及净水效率的影响。⑤ 通过室内试验和室外试验验证，结合水产养殖水质要求，得出当氨氮和硝酸态氮总量达到1.0毫克/升以上、磷酸盐含量达到0.1毫克/升以上时，为空心菜适宜的水质种植条件。⑥ 构建了2种鱼、虾、菜生态循环养殖系统，使氮、磷及浮游植物等指标均得到不同程度的控制，水质得到改善。⑦ 制作完成"鱼虾菜生态循环养殖技术"光盘。

该技术把种植业和水产养殖业结合起来，针对水产养殖水质富营养化状况，利用浮床在养殖水体上种植植物来净化和修复水质。一方面，实现了养殖水质的原位净化，促进养殖动物健康生长；另一方面，把池塘的富营养物质变害为宝，从养殖池塘中提取出来，转化成蔬菜，获得更高的经济效益。由于不施农药和化肥，蔬菜产品质量好于土培蔬菜。这种种植、养殖循环模式节约土地、节约能源、节约人力，生态环保，是一种种植业和水产养殖业双赢的收益型水产养殖环境修复及保护技术。

该技术的模型在第十三届中国科协年会展出，受到时任天津市市委常委苟利军同志的肯定（图15）。

2012年4月，该技术通过天津市市级专家组的验收，技术成果获2013年度中国水产科学研究院科技进步三等奖。

图15　鱼、虾、菜生态循环养殖技术获得领导肯定

二、技术要点

（一）浮床植物育苗

可采取无土栽培中的基质栽培和土培2种育苗方式，基质栽培中又可采取穴盘育苗和育苗床育苗2种方式。现以空心菜为例，概括其育苗操作要点。

1. 基质栽培

1）穴盘育苗

穴盘育苗一般在育苗大棚内进行。

（1）**种子的处理**　选择颗粒饱满，个体完整，除去杂质的种子，在充足的阳光下晾晒2~3天。

（2）**基质**　采用市售基质与细沙按1：1比例，加入适量水混合均匀后装入穴盘。

（3）**播种**　每个穴盘播入1粒种子，上覆土0.5~1.0厘米，种子个体大的稍播深些，把播好种的穴盘整齐放入育苗室，保持穴盘基质的湿润。

（4）**出苗**　育苗室温度保持在30℃左右，基质保持湿润。灌溉采用淋浴喷头，使水流温和喷出，以防止冲出种子，4~6天出苗。

（5）**苗期管理**　出苗后仍然保持基质湿润，室温维持30℃左右，如室内温度过高，则进行通风降温。

2）育苗床育苗

育苗床育苗在育苗大棚内进行。

（1）**育苗床构建**　在育苗大棚内平整好空地，按育苗大棚形状，分成几个长方形育苗床，长不限，宽1~2米，上面覆盖一层防水性好的塑料地膜，边缘用砖围起分隔，塑料地膜边缘向上延伸7厘米以上，并用砖固定，使育苗床成为上面开口的封闭型长方体（图16）。

图16　室内育苗床

（2）播种　把含有保水素的基质和细沙按1∶1混匀，平铺在育苗床上，厚度5厘米左右，每隔5厘米左右挖深约为2厘米的沟，把种子均匀撒在沟内，种子间距1.5～2.0厘米，掩埋种子，并使培养基表面呈同一平面，用轻柔喷洒的方式浇水使苗床培养土湿润。

待秧苗长出子叶后浇水1次并除草，当苗长出2片真叶后再进行1次浇水和除草。其他措施同穴盘育苗。秧苗移种前2天，停止浇水。

2. 土培

土培既可在育苗大棚内进行，也可在室外进行。

室外土培选择养殖池塘边或其他闲置地种植，按一般室外土培蔬菜进行管理；室内土培管理同基质栽培，不同的是秧苗移种前应浇灌土壤，使秧苗容易从土壤中起出。对于盐碱荒地，可采取土壤隔离法育苗。

土壤隔离育苗法是指在盐碱荒地上挖30厘米深的长方形苗床，覆盖塑料膜，与盐碱土壤隔开，塑料膜上铺上非盐碱地土壤或已改良过的种植土，再按土培育苗方法进行育苗。

几种育苗方式的优势和劣势对比见表5所示。

表5　基质栽培和土培育苗优势、劣势对比

方式	成本	成活率	病害	育苗时间	根系	移植后返秧时间	占地
基质栽培	大多在育苗大棚内，价格高	高	较多	随时可育	水生根	1天左右	较多
土培	室内、室外均可，价格低	较高	室内较多，室外较少	室外温度达到植物适宜育苗温度时	土生根	3~4天	较少（房前、屋后、池边等）

空心菜苗长至20厘米，在适温范围内需20~25天。红凤菜（*Gynura bicolor* DC）、白凤菜（*Gynura formosana* Kitam.）和水芹[*Oenanthe javanica* (Blume) DC]的育苗基本同空心菜，但凤菜和水芹采用营养扦插育苗效果更好，水芹扦插时，采用带有须根的营养体成活率较高。

扦插育苗是指从健壮无花叶病毒的凤菜上剪取长8~10厘米的枝条或水芹枝条10~13厘米，留2~3叶，去掉下部叶片，每隔6厘米插入枝条，深度达2/3，压实，浇足水分，用遮阳网覆盖，经过6~7天新根新芽形成，撤去遮阳网，施薄肥1次，苗高10厘米以上外移浮床。

（二）浮床制作

1. 竹制尼龙绳浮床

结构为竹制框架，尼龙绳连成承托网，上面安装固定托株管（图17和彩图5）。这种浮床的优势在于：价格便宜，（每平方米仅10元）抗风浪性能好等；但通

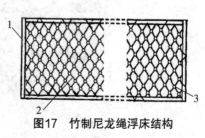

图17　竹制尼龙绳浮床结构

1. 框架　2. 承托网　3. 托株管

过试验应用也发现了一些缺陷，如浮床不用时存放占地面积大、不能随意调节株距和行距等。

2．收纳式生态浮床

收纳式生态浮床结构见图18～图20和彩图6。

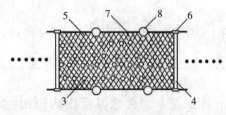

图18　收纳式生态浮床

3．托株管　4．支撑管　5．承托网　6．三通管　7．绞丝绳　8．浮漂

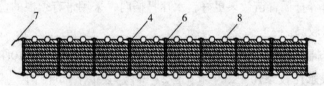

图19　收纳式生态浮床的使用状态

4．支撑管　6．三通管　7．绞丝　8．浮漂

图20　收纳式生态浮床的收纳

收纳式生态浮床，包括平铺在水面上的承托网和连接在承托网上的托株管，承托网上平行设置有多根中空的支撑管，每根支撑管两端均设置有三通管。承托网边缘设置的绞丝绳从每个三通管内穿过，两端固定在插入水底的固定桩或堤岸的固定桩上，绞丝绳上设置有多个浮漂。

承托网网丝采用高密度聚乙烯、尼龙织成的丝线，每根网丝由15股绞丝组成，按渔网结构制成承托网。

支撑管采用PVC管，不仅质量轻，而且寿命长，不易腐烂。

托株管由两端开口的管体和套接在管体一端的管头构成，管体和管头采用螺纹连接。管头端部的直径大于管体的直径，管头套接在承托网网孔内，正好把承托网网孔的网丝旋紧，防止托株管从承托网上脱落。托株管之间的距离可根据植物长成后的大小随意调节株距和行距。

承托网宽1.5米，承托网网孔孔径为25毫米，托株管管体外径为34毫米，内径为32毫米，高为40毫米。根据栽培植物的不同，承托网网孔的孔径和托株管管体直径可进行调整。如根据需要，承托网网孔的孔径可以为20毫米，相应托株管的管体外径为29毫米，内径为27毫米，高为40毫米。

使用时，收纳式生态浮床平铺在水面上，绞丝绳两端固定在插入水底的固定桩或堤岸的固定桩上，防止生态浮床被水流冲走或风刮走。不使用时，可将浮床沿绞丝绳方向卷起，将支撑管捆扎在一起进行收纳。

为防止草食性和杂食性鱼类摄食植物根系，在承托网下方加设防护网，即在承托网的每根支撑管两端都加上长度20厘米向下方向的空心支撑杆，支撑管与空心支撑杆之间通过三通管连接固定。由支撑管和空心支撑杆支撑承托网下方1.9米宽的防护网。

3. 可调控PVC网式浮床

框架由PVC管构成，长方形，每个面积为2.4米^2，将长2.0米、宽1.2米的PVC网片与框架绑好，将托株管根据需要的行距、株距拧入网片孔内，托株管的结构同收纳式浮床的托株管，把浮床用绳索连接，放入种植水面（彩图7）。框架材料也可用毛竹代替。

4. 3种浮床性能对比（表6）

表6　3种浮床性能对比

浮床类型	价格/(元·米^2)	抗风浪能力	制作工艺	使用期限	行距、株距	框架浮力稳定性	储藏运输
竹制尼龙绳浮床	10	强	繁琐	2~3年	不可随意调控	较好	储藏占地大，运输不方便
可调控PVC网式浮床	15	强	简单	3年以上	随意调控	一般	储藏占地大，运输不方便
收纳式生态浮床	14	较强	简单	3年以上	随意调控	好	储藏占地小，运输方便

3种浮床各有特点：竹制尼龙绳浮床价格便宜，如果有产业化生产企业的支持（企业生产模具，提供零部件，由养殖企业或个人自己组装），适宜于各种养殖水面的大规模推广；PVC网式浮床，价格较贵，但外形美观，由于托株管的管径和行距、株距能随意组合和调控，适宜营造观赏性景观浮床和不同植物的混作浮床；收纳式生态浮床使用方便，并具备PVC网式浮床同样的调控优势，但抗风浪能力稍差，因此，适宜单池面积较小的池塘。

此外，也可在小水体净化渠中采用聚苯乙烯泡沫板浮床（图21）和渔网浮床。

图21　聚苯乙烯泡沫板浮床

（三）秧苗的移栽

水温稳定在浮床植物适宜温度范围内，水质营养条件适宜植物生长时，开始移植秧苗。选择阴天或太阳落下的黄昏时分进行移植。

秧苗从土壤或基质内取出后，放入保温盒内，尽快运至池塘边种植。

土培秧苗的移植：土培秧苗带根或不带根移植到浮床。在土地资源紧张的实施地或池塘水质情况未达到适宜种植蔬菜时，把土培苗培育至40厘米左右的成株，移植至浮床上时，从中间切断，上下两截均可作为苗种种植到浮床上。

无土栽培秧苗的移植：直接把带根的秧苗插入浮床的托株管中，使根部4/5浸入水中，1/5暴露在空气中（图22）。

浮床下池前，对于养殖杂食性或草食性动物的池塘，浮床的下部应安装护网。这些池塘包括主养或套养鲤、鲫、罗非鱼、草鱼、团头鲂、河蟹的池塘。对于主养南美白对虾、狗鱼、卡拉白鱼、翘

图22　秧苗移植

嘴红鲌，套养鲢、鳙的池塘则不必安装护网。护网的宽度与浮床宽度一致，四周用尼龙绳紧密固定在浮床的框架上，护网网目1.5厘米。护网深度根据种植植物水生根系的发达程度而定，护网深度为50厘米，水芹和凤菜护网深度30厘米。

种植时可采用两种种植方法，一种是在岸上种植完毕后浮床下水；一种是浮床先下水，种植人员乘小船在水面上直接种植。浮床下水时连成一长条，条与条间相隔1.5～2.0米，以使船只行入便于采摘，连片浮床的两头连尼龙绳，并用木桩固定在岸上。

（四）选择适宜的养殖水质

从室内试验得出，天津水产养殖氯化型盐碱地水质状况的盐度（0～5）、硬度（28° 左右）均适宜空心菜、红凤菜、白凤菜、水芹等植物的生长，生产中仅考虑浮床植物需要的氮、磷营养盐即可。

选择池水中氨氮、硝酸态氮总和达到1.0毫克/升、磷酸盐达到0.1毫克/升时，开始种植浮床植物。

（五）浮床系统的构建

1. 池塘中浮床系统的构建

（1）浮床植物的覆盖度　浮床植物水面覆盖率为5%～15%，即每亩水面种植1 400～4 200棵。

（2）浮床的摆放　① 小型长方形池塘，浮床顺着长边摆放。② 大型边沟围埝形池塘，浮床逆风浪摆放。

2. 净化渠中浮床系统的构建

选择具备净化渠或净化池的养殖场，在净化设施中，设置水生植物浮床及微生物固化膜、滤食性鱼类等构成组合净化系统，养殖废水通过组合净化系统得到净化后，重新回到养殖池塘进行循环利用。

1）组合净化系统的组成

以天津市天祥水产养殖公司为例介绍，其组合净化系统见图23所示。

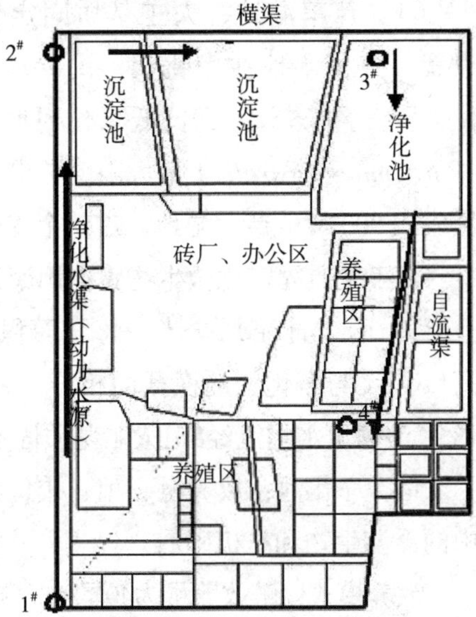

整个系统由组合净化系统单元和养殖区组成。组合净化系统单元主要由净化渠、沉淀池和净化池组成。净化渠长1 500米、宽15～20米、深1.5～3.0米。沉淀池130亩，净化池130亩。净化渠一端安装2台水泵（900米³/小时），从养殖区排出的池水进入净化渠后，经水泵提升经1 500米水渠流程，进入沉淀池和净化池，流速20厘米/秒。流水经沉淀净化处理后进入自流水渠（渠长300米，流速1米/秒），最后进入养殖区，养殖区总水面700亩。换水频率为每7天1次，换水率为10%～20%。

图23　组合净化系统示意

注：1#、2#、3#、4#为采样点。其中：1#位于养殖区排放水末端、净化渠开始，2#位于净化渠末端，3#位于净化池，4#位于养殖区。

2）组合净化系统的生物构成

组合净化系统的生物是利用不同生物的功能特性及其相互间的协同作用，由水生植物浮床、芦苇湿地、固定化微生物膜和滤食性、杂食性鱼类组成，除芦苇湿地及鱼类外，全部设置在净化渠内（图24）。

图24　净化渠组合净化系统

（1）芦苇湿地、人工基质固定化微生物膜和鱼类净化池的设置 芦苇湿地在净化渠、沉淀池、净化池放水后，保持低水位，深度约1.5米，延长低水位时间约50天，直至挺水植物芦苇（*Phragmites australis*）最大限度长出，并达到一定高度后再蓄水，形成12 000米^{2}的芦苇湿地，占整个养殖区的2.6%。

人工基质固定化微生物膜：用聚乙烯网片作人工基质材料。网孔6目，网线直径0.2毫米，每片面积15.0～25.5米^2，宽10～17米，高1.5米（与净化渠的横截面相符），网片用绳子固定，总面积480米^2。池塘出水均流经8道人工基质固定化的微生物膜。

鱼类净化池：放养鲢、鳙、梭鱼和云斑鮰，以减少养殖排放水中的浮游生物和有机碎屑。

放养模式：鲢放养量为40尾/亩，规格为750克/尾；鳙放养量为10尾/亩，规格为1 500克/尾；梭鱼放养量为30尾/亩，规格为450克/尾；云斑鮰放养量为100尾/亩，规格为16.7克/尾。

养殖区所有养殖池塘均套养鲢80～100尾/亩、鳙20尾/亩。

（2）水生植物浮床的设置 6月中旬至7月初，在组合净化系统的基础上增设水生植物浮床。浮床采用聚苯乙烯泡沫板，长200厘米，宽100厘米，厚5厘米，设置空心菜、红凤菜、薄荷、美人蕉混作浮床，产量约为1 530千克。

（六）选择适宜的浮床植物品种

通过池塘浮床植物筛选试验得出空心菜、白凤菜、红凤菜、水芹、薄荷、美人蕉均适宜天津氯化型盐碱池塘水质栽培。

① 对于起始氮、磷浓度基本相同，但追加氮、磷量较少的池塘选择种植凤菜，如主养南美白对虾的池塘、河蟹养殖池塘、投喂膨化浮性饲料的池塘。

② 投喂沉性饲料的主养鲤、鲫、草鱼、罗非鱼的池塘，投喂

冰鲜低值鱼或动物内脏的池塘，选择种植空心菜。

③对于磷酸盐含量较高的水质选择种植水芹。

④对于氮、磷含量均较高的水质选择蕹菜和水芹混作浮床。

⑤生产中以氮、磷检测结果来调整种植植物的品种和覆盖度。

（七）浮床植物的病害防治

①将蔬菜移植到水面上时，检查秧苗是否有病虫害，只移植健康的蔬菜苗种。

②保持浮床离岸4～5米，防止土传病害进入浮床。

（八）浮床蔬菜的采摘

空心菜、凤菜长至33厘米左右高时，进行第一次采摘，茎部留2个茎节，第二次采摘将茎部留下的第二节采下，第三次采摘将茎基部留下的第一茎采下。

采摘时，用手掐摘，不用机械。

水芹一次采摘。当第一棵水芹的第一朵花开放，而其他水芹未成熟时，尽快掐掉花，否则，其他水芹会产生生物效应提前开花而提前死亡。

（九）浮床植物在其他方面的应用

1. 营造养殖水体或景观水域的观赏性

种植浮床植物的水产养殖池塘，水面上郁郁葱葱，水色明亮，水质清新，给人以良好的视觉效果（彩图8），改变了传统水产养殖水色难看、水味难闻的局面。此外，多数城市的景观水域水质呈富营养化状况，应用浮床植物不仅能改善景观水域的水质状况，还能增强景观效果，减少景观河道治理所需要的大量资金。

2. 利于养殖动物遮阳和逃避敌害

一些养殖水产动物，对光有较强的敏感性，白天强烈的光照会影响其正常的生长，一些养殖者为此在水面上设置了遮光布，如果用植物浮床代替遮光布，不仅能起到遮阳的作用，同时也能改善水质和增加景观效果。对于南美白对虾这种有蜕皮习惯的动物，浮床植物发达的根系将为其提供遮掩和保护的作用，根系上丰富的周丛生物又为其提供了良好的天然饵料。

3. 增加大水面水产养殖的透明度

天津地区一些区、县的水产养殖池塘为周边挖沟、中间浅台式的大水面池塘，由于水较浅，风浪大，底泥经常被风卷起，而使池塘透明度很低，设置了植物浮床后，有利于减小风浪对池底的影响，从而使透明度提高，有利于养殖动物的正常生长。

三、增产增效情况

（一）产量和经济效益情况

该技术在天津2年共实施2 809亩，在10种水产养殖模式中应用鱼、虾、菜生态循环养殖技术。其中：水产养殖池塘应用面积1 904亩，净化渠中应用带动养殖面积905亩，共种植浮床水生植物136 998米^2。池塘平均覆盖面为10.85%，共获得水生植物产量640 034千克，平均每平方米水生植物产量为4.67千克，获新增总产值256万元，亩新增产值1 345元；新增总利润151万元，亩新增利润792元，投入产出比1：1.24。水产养殖亩产量821千克，亩产值11 635元，亩利润5 420元；总产量2 305 204千克，总产值3 268万元，总利润1 523万元。

（二）节能减排效果分析

鱼、虾、菜生态循环养殖技术，主要通过减少养殖池塘中的营养物质，并使营养物质转化成具有一定经济价值的植物达到节能减排的目的。

以中华绒螯蟹蟹苗培育池水质为例进行说明。

中华绒螯蟹蟹苗培育池塘水质检测结果见图25~图28。

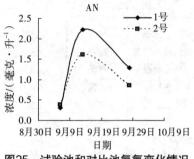

图25　试验池和对比池氨氮变化情况

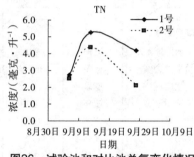

图26　试验池和对比池总氮变化情况

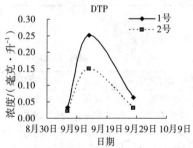

图27　试验池和对比池溶解态总磷变化情况

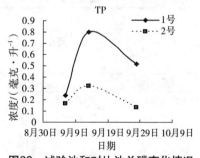

图28　试验池和对比池总磷变化情况

图25~图28中，2号为种菜池塘，1号为未种菜对比池塘，浮床植物为空心菜，种植时间为6月中旬，覆盖面为6.0%，空心菜前期生长不佳，中、后期生长正常。

浮游植物检测情况见表7、表8所示。养殖末期未种菜对比池塘浮游植物种类由裸藻、硅藻、绿藻、蓝藻组成，而种菜池塘除了上述藻类，还出现甲藻和隐藻。

中华绒螯蟹蟹苗培育池养殖末期浮游植物种群分布状况如下。

表7　1号对照池

单位：10^5个/升

藻种名称	门	均值	藻种名称	门	均值
无常蓝纤维藻	蓝藻	15.5	浮球藻	绿藻	11.0
圆皮果藻	蓝藻	0.5	椭圆小球藻	绿藻	0.5
美丽隐球藻	蓝藻	2.0	蛋白核小球藻	绿藻	1.5
粉末微囊藻	蓝藻	353.1	小型卵囊藻	绿藻	2.5
皮状席藻	蓝藻	12.0	中型脆杆藻	硅藻	0.5
铜绿微囊藻	蓝藻	1.0	短线脆杆藻	硅藻	1.5
细小平裂藻	蓝藻	16.0	短小舟形藻	硅藻	1.0
蹄形藻	绿藻	11.5	细布纹藻	硅藻	0.5
波吉卵囊藻	绿藻	7.5	宽扁裸藻	裸藻	0.5
微小四角藻	绿藻	0.5	梨形扁裸藻	裸藻	0.5
针状纤维藻	绿藻	1.0			

表8　设置空心菜浮床2号池

单位：10^5个/升

藻种名称	门	均值	藻种名称	门	均值
无常蓝纤维藻	蓝藻	1.5	卵形衣藻	绿藻	2.0
细小平裂藻	蓝藻	6.0	柱形栅裂藻	绿藻	5.0
两栖颤藻	蓝藻	11.1	美丽胶网藻	绿藻	2.0
粉末微囊藻	蓝藻	52.5	空星藻	绿藻	6.0
蹄形藻	绿藻	0.5	短线脆杆藻	硅藻	0.5
波吉卵囊藻	绿藻	4.0	桥弯藻	硅藻	0.5
微小四角藻	绿藻	1.0	短小舟形藻	硅藻	0.5
针状纤维藻	绿藻	2.5	卵形隐藻	隐藻	0.5
浮球藻	绿藻	1.0	诺氏蓝隐藻	隐藻	0.5
椭圆小球藻	绿藻	0.5	尾裸藻	裸藻	0.5
蛋白核小球藻	绿藻	1.0	裸甲藻	甲藻	0.5

水产养殖生产实践中通过水质监测，池塘设置水生植物浮床能有效控制水体中氮、磷的含量，特别是氨氮、亚硝酸态氮、磷酸盐含量及化学需氧量，能增加浮游植物生物多样性，明显改善水质。

四、应用案例

天津市天祥水产养殖有限公司，养殖面积近700亩，在净化渠中设立以浮床植物为主的多级生物系统，实施此项技术后节约的费用分析见表9。

表9　实施多级生物系统后节约的费用分析

项目	型号及功率	使用浓度/（毫克·升$^{-1}$）	使用次数（时间）	每亩费用/元	总费用/元
排水	300泵22千瓦，700米^3/小时		2次	62.86	44 000.00
注水机井	28千瓦，90米^3/小时		12 970小时	311.29	217 900.00
漂白粉		1	10次	33.35	23 345.00
生物制剂		5	10次	500.17	350 120.00
合计				907.67	635 365.00

注：每千瓦时电费为0.6元，漂白粉为2元/千克，生物制剂为6元/千克。

如果不实施浮床植物为主的多级生物净化系统，注、排水用电所需最低费用为311.29元/亩，泼洒漂白粉、生物制剂所需最低费用为533.52元/亩，2项合计每年节省费用635 365.00元，取得了显著的经济效益。实施了多级生物系统修复技术，水质状况得以改善，鱼类病害发生率降低，减少了渔药的使用量，降低了饲料系数，减少了生产投入，保证了水产品质量安全，取得了较好的生态效益和社会效益。

传统的池塘养殖模式，通过大量换水改善养殖水环境，目前存在着一定的问题，外源水污染日趋严重，没有大量安全的优质外源水可供使用，同时换水可造成病原交叉感染，导致鱼、虾病的频繁发生，而且大量的养殖废水，未经处理直接排放，加剧了外源水体的污染，造成了对整个养殖水环境的恶性循环。构建以浮床植物为主的多级生物系统，除每年购买鲢、鳙的鱼种需一定的费用，整个系统成本极低，系统寿命可维持整个养殖周期（1年），系统运行不会带来任何二次污染。通过设置浮床植物，既降低了水体富营养化水平，优化养殖生态环境，每年养殖结束，收获蕹菜、水芹等，又获得一定的经济效益。

五、注意事项

（1）浮床植物种植的时机和条件　养殖池塘中，植物可以吸收的氮、磷达到植物生长所需含量时，才可以开始种植浮床植物。通过试验，空心菜的开始种植水质要求为：氨氮、硝酸态氮总量达到1.0毫克/升、磷酸盐磷含量达到0.1毫克/升。其他浮床植物品种对水质的要求，应通过室内外试验来确定。养殖水质营养指标达不到浮床植物要求的，不采取本技术。

（2）浮床植物的筛选　不是所有的陆生植物都适宜在养殖池塘水中进行无土栽培，各地区水质状况各有特点，选择浮床植物时，应在池塘中做筛选试验，能成活且生长性能良好的才能作为浮床植物。同时应根据池塘中营养物质的组成，筛选相应的浮床植物。如氨氮、硝酸态氮含量高的选择空心菜，磷酸盐磷含量高的选择水芹，两者都高的，采取空心菜、水芹混作浮床。

适宜区域：全国所有水质营养指标达到浮床植物生长要求的水体。

技术依托单位：天津市水产技术推广站。

地址：天津市河西区解放南路442号，邮编：300221，联系人：包海岩，联系电话：022-88250901。

（天津市水产技术推广站　包海岩）

海水池塘多营养层次生态健康养殖技术

一、技术概述

（一）定义

海水池塘多营养层次养殖模式是在海水虾、蟹池塘养殖过程中，由不同营养级生物（如投饵类动物、滤食性贝类、大型藻类和沉积性食物动物等）组成的综合养殖系统，系统中一些生物排泄到水体中的废物成为另一些生物的营养物质来源，既能充分利用输入到养殖系统中的营养物质和能量，减少营养损耗，又使池塘具有较高容纳量的养殖模式。

（二）背景

1. 地理环境

现有的海水池塘养殖布局结构，大多沿用20世纪80年代对虾池塘养殖的模式，池塘建筑标准低，开放式进、排水系统，不利于病害控制与预防，且能源消耗偏高；局部地区养殖规模过大，养殖池过于密集，导致沿岸带开发不合理，部分海域污染严重；养殖过程中产生的残饵和粪便等在海底堆积、分解，使沉积物中有机质和硫化物等含量增加，养殖自身污染问题加重。应在养殖品种和池塘结构、进水和排水系统方面逐步加以调整和改造，使之适合海水养殖多模式、多样化发展的需要。

2. 养殖现状

池塘是我国海水养殖重要的养殖方式，养殖面积超过200万亩，单个养殖池面积一般较大（50~100亩），养殖品种以虾、蟹为主。我国传统的池塘养殖是以开放式水系统、单品种、粗放式养殖模式为主；养殖过程主要是通过提高放养密度和增加商品饲料的投入量来提高养殖产量和效益；这种养殖模式生产过程中投入的饲料有相当部分不能被养殖生物所摄食而沉积池底；养殖过程缺乏必要的水体净化功能，养殖池塘内部环境的恶化和疾病频繁发生，导致养殖产品质量下降，严重影响到海水池塘养殖的总体效益。

3. 解决难题

海水池塘多营养层次生态健康养殖技术，通过生物防控、环境生态调控、营养增强等技术，有效地提高了虾、蟹养殖成活率和饲料利用率；解决了虾、蟹疾病难以控制、养殖排放水污染等问题，实现了池塘生态健康养殖，保障了养殖产品的质量安全。

（三）技术优势

海水池塘多营养层次生态健康养殖技术是一种可持续发展的养殖技术，养殖鱼类可以采食养殖池塘中病死虾、底栖甲壳类、软体动物、小鱼等，起到疾病的生物防控和提高饲料利用率的作用；贝类通过滤食浮游生物和碎屑移除水层中的营养元素，同时，养殖动物的代谢产物及营养盐被海参、微生物等分解，再被藻类光合作用吸收同化，提高了饲料、水体与池塘的利用率，降低了养殖池塘的有机污染，因此，海水池塘多营养层次养殖在取得理想的养殖效果和经济效益的同时，可以达到最佳的环境生态效益，对于海水池塘健康养殖的可持续发展具有重要的意义。（彩图9）

（四）技术成熟、应用广泛

海水池塘多营养层次生态健康养殖技术在国家虾产业技术体系、公益性行业（农业）科研专项等课题的研究中，形成了完整成熟的技术，从2011年至今，在日照市水产研究所、日照开航水产有限公司、青岛宝荣水产科技发展有限公司、昌邑海丰水产有限公司、江苏裕丰林农业开发有限公司、象山双华生态养殖有限公司进行了广泛的示范应用，制定完成了《海水池塘多营养层次生态养殖技术规范》（DB 3702/T 185—2012）青岛市地方标准，进一步通过全国水产技术推广总站开展技术培训、中央电视台专题片宣传，在我国山东、河北、江苏、浙江等示范推广养殖9万余亩，经济效益、社会效益和生态效益显著。

二、技术要点

（一）养殖设施的准备工作

1. 养殖附属设施的准备

（1）蓄水池　容量以总养殖水体的1/5为宜，尽量使用纳潮方式进水，也应有提水设备。应有排水闸，保证能完全排干，每年清污消毒。

（2）进、排水渠道　在集中的池塘养殖区，需要建设统一的进、排水渠道，进水口与排水口应尽量远离。排水渠除满足正常换水量需要外，还应保证暴雨排洪及收获时快速排水的需要，排水渠宽度应大于进水渠，其渠底高度应低于各相应虾池排水闸闸底30厘米以上。

2. 养殖池塘的改造及整理

（1）池塘改造　池塘的适宜面积为5～10亩，池形为长方形、方形或圆形。长方形池的长宽比不应大于3：2，池深2.5～3.0米，养殖期保持水深2米以上。池底平整、向排水口略倾斜，比降为0.2%，保证池水可自流排干，以利于晒池和清洁处理池底；用瓦片、空心砖等在池中设置隐蔽物。养殖池底不漏水，必要时用塑胶膜铺设池底，池壁加防渗漏材料。土质含沙量较多时应护坡，养殖池两端设进水闸和排水闸，也可只建排水闸，进水使用水泵提水；进水闸应安装孔径为178～250微米的滤水网，防止进水时敌害生物进入池中，也防止虾、蟹逃出池外。

（2）池塘清理　在养殖对虾前，一定要遵循池塘清淤、晒塘、生石灰消毒等传统的处理技术进行池塘清理，主要目的是减少池塘有机物及有毒有害物质的累积，降低环境胁迫对养殖对虾的影响。应将养殖池、蓄水池、进水和排水渠道等积水排净，封闸晒池；清除污泥和杂物，对沉积物较厚的池底应翻耕曝晒或反复冲洗。时间一般需要30天左右（地膜池塘不适用）。

（3）贝类养殖区　北方地区一般在靠近池塘堤坝周边设置贝类养殖区，面积不超过池塘面积的20%；其中菲律宾蛤仔养殖台宽1米，缢蛏养殖台宽2米、高15~20厘米，表层覆盖孔径为1厘米的贝类防护网（图29）。南方地区一般在池塘中央用竹竿和网建立贝类养殖围隔（图30），防止梭子蟹摄食贝类。贝类养殖区面积不超过池塘养殖面积的20%。

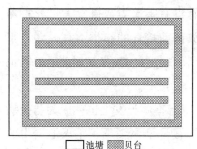

图29　铺网设置贝类养殖区

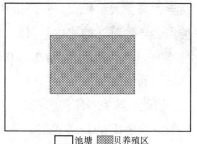

图30　围网设置贝类养殖区

（4）蟹苗暂养区　在池塘内避风向阳池角处用网孔为710微米围网设置幼蟹暂养区，暂养密度500只/米^2，暂养至Ⅳ期幼蟹。

3. 养殖用水处理

（1）养殖用水消毒除害　将池内注水10~20厘米，使用含氯消毒剂或含碘消毒剂、氧化剂、生石灰等消毒药物全池泼洒，杀灭原生动物、病毒、细菌等病原生物及野杂鱼、虾等。

（2）纳水及繁殖基础饵料 养殖池消毒后7~10天纳水，初次进水40~50厘米。晴天上午施氮肥1.0~2.5千克/亩，磷肥0.1~0.5千克/亩及有益细菌制剂，繁殖优良单细胞藻类、小型微型多毛类、寡毛类、甲壳类、线虫、贝类幼体、昆虫幼体、有益微生物、菌胶团等，施用有机肥需充分发酵，所占比例不得低于50%。

（3）养殖池塘中优良微藻的培养与维护 ① 放苗前7天左右施用微藻营养素和芽孢杆菌培养优良微藻；② 放苗后根据水体营养程度，相隔7~15天重复使用微藻营养素和芽孢杆菌调控水质；③ 养殖过程出现水色太浓、微藻繁殖过多时施用光合细菌；养殖过程出现水体泡沫多、微藻繁殖不良时施用乳酸杆菌。

有毒有害藻类和藻类大量死亡是导致养殖前期对虾死亡的主要原因，池塘过度施肥，容易产生过量的藻类（水色过浓，透明度低），尤其是有毒有害藻类，在措施不当和天气变化时，也容易导致藻类大量死亡。对虾摄食有毒有害藻类或摄食大量死亡藻类均会导致对虾的死亡。因此，放苗前培育的藻类不宜过多，水色不宜过浓，透明度为60~80厘米（水深100~120厘米），但也不能见到池底。

因此，防控养殖初期蓝藻等有毒有害藻类发生也就成为防控病害的重要手段：① 养殖前，池塘要彻底清淤消毒，杀灭池塘中的藻类；② 监测养殖水源水质，避免引入蓝藻、甲藻等有害微藻占优势的水源，即水源颜色异常时（蓝绿色、棕红色、水体泡沫多等）不进水，水源需经过滤、沉淀、消毒后再使用。

（二）苗种放养

1. 水质要求

养殖池水深应达1米以上，微藻以绿藻、硅藻、金藻为主，透明度在30~50厘米；养殖池水温应达14℃以上，pH为7.8～8.6，溶解氧含量在5毫克/升以上，盐度为25～32，养殖池塘与育苗池盐度差大于5时，24小时调节盐度差不应超过3～5。

2. 苗种选择

选择对外界刺激反应敏捷、活力强、不携带传染性病原的健康苗种。对虾、三疣梭子蟹、鱼类、贝类等苗种个体外观完整、健壮、无附着物、无杂质。虾苗携带细菌数量与养殖早期种苗成活率有直接关系，也是养殖前期发生病害的原因之一，应该加强检测。

选择滤食性、杂食性鱼类，可采食池底有机质，起到调节水质的作用，如罗非鱼等；也可以选择肉食性鱼类，用于摄食弱死虾、蟹，切断疾病传播途径，如青石斑、鲷科鱼类、半滑舌鳎等。

3. 放苗时间

菲律宾蛤仔在3月下旬到4月中、上旬水温为14℃以上时放养；中国对虾、日本对虾苗在4月下旬水温为16℃以上时放养；凡纳滨对虾苗在6月上旬水温在20℃以上时放养；脊尾白虾一茬养殖亲虾在6月下旬水温在20℃以上时放养，两茬养殖在4月中、上旬水温在14℃以上时放养；三疣梭子蟹苗在5月上、中旬水温在18℃以上时放养；半滑舌鳎等鱼类苗种在6月上旬水温在20℃以上时放养。

4. 放苗规格

中国对虾和日本对虾虾苗生物学体长1厘米以上，凡纳滨对虾虾苗生物学体长0.7厘米以上，脊尾白虾为抱卵亲虾；三疣梭子蟹Ⅱ期幼蟹规格为16 000只/千克；菲律宾蛤仔规格为5 000～6 000粒/千克；鱼苗，半滑舌鳎体重在100克/尾以上。

5. 放苗密度

中国对虾和日本对虾为6 000～8 000尾/亩，脊尾白虾抱卵亲虾为1千克/亩；菲律宾蛤仔50 000～60 000粒/亩；三疣梭子蟹2 000～3 000只/亩；半滑舌鳎等鱼类为20～30尾/亩。

6. 放苗注意事项

放苗前必须先对养殖池水质进行分析，确认符合养殖用水水质要求，方可放苗。为了使虾苗、蟹苗、鱼苗适应养殖池的温度和pH，可将装有苗种的塑料袋浮放在养殖池水面，使袋内外温度达到平衡，然后向袋内缓慢加入池水使虾苗、蟹苗逐步散入池中。放苗点应在池水较深的上风处。每个养殖池应一次放足同一规格的虾、蟹、贝和鱼的苗种。

（三）养殖过程管理

1. 养殖水环境管理

池塘养殖水质指标代表着健康池塘环境容纳量的临界值，或者是养殖动物受病原感染后耐受环境胁迫的临界值。

（1）水体pH　正常范围在8.2～8.8，如果pH小于8，或大于9，或日波动超过0.5，或者NH_4^+-N浓度大于0.15毫克/升、NO_2^--N浓度大于0.2毫克/升，就需要对池塘水质采取措施，可以用以沸石粉、过氧化钙为主要成分的水质保护剂改良水质。平时养殖过程每15～20天1次，用量为20～30千克/亩；要求池水总碱度在80～120毫克/升。

（2）溶解氧　根据溶解氧需要确定微孔增氧设备开机时间，放苗30天内于凌晨和中午各开机1～2小时；养殖30天后可根据需要延长开机时间，使水中的溶氧量始终维持在5毫克/升以上；如果小于3毫克/升需要增加增氧时间，阴天、下雨应适当增加开机时间；投饲时应停机0.5小时。

（3）总菌含量　水体总菌含量不小于1×10^6个/毫升数量级，弧菌量不超过1×10^3个/毫升数量级是比较理想的菌相。弧菌数量过高时采取以下措施：① 低剂量消毒剂（不伤藻类）连续3次杀灭弧菌后，24小时内补充多元化有益微生物，迅速提高水体总菌含量，抑制弧菌反弹。② 减少饲料投喂量，加大换水量，然后采取补充有益微生物的措施。③ 连续投喂1周以上的含有乳酸菌、酵母菌等肠道有益菌的发酵饲料，抑制肠道内弧菌繁殖。

（4）养殖过程中池塘中蓝藻等有害微藻的控制　① 发现颤藻、微囊藻等有害蓝藻数量增多，达到1×10^5个/毫升时，采取措施：适量换水；施用底质改良剂以改良底质；施用络合剂缓解对虾应激；施用高浓度芽孢杆菌和高浓度光合细菌控制蓝藻的繁殖，若蓝藻数量较多，可相隔3天左右再施用，重复2~3次；施用无机营养素或者液体复合营养素培育新的优良微藻；施用偏硅酸钠（0.5毫克/升，1亩约0.5千克）处理。② 使用益生菌制剂，包括光合细菌和化能异养细菌，养殖前期，每10~15天1次，养殖后期，每3~5天1次，不能与消毒药品、抗菌药品同时使用。

2. 饲料管理

养成饲料包括配合饲料、新鲜小杂鱼和贝类。配合饲料稳定性和适口性好，饲料物理性状良好、营养成分稳定、颗粒均匀。新鲜小杂鱼、贝类等来源明确，不能携带病原。

（1）饲料投喂量管理　常规配合饲料日投饲率为3%~5%，鲜活饲料日投饲率为7%~10%。如果池塘单位时间饲料投喂量过大和水质调控能力不能从根本上缓解池塘的环境胁迫，导致养殖动物慢性中毒，使非致病性细菌在动物体内繁生而转为致病菌，增加了病毒、细菌等病原的感染机会。

放苗后1周内采用成活率测定网（放苗的同时数100尾放入成活率测定网，不用投喂，1周后取出点数计算成活率）检测虾、蟹成活率。严格按照成活率依次减少投饲量。日投喂量4次，全池均匀投喂。

养殖前期，如果水体透明度过高，原则上应该较少饲料投喂量，但不能少于50%。池塘每亩设定1个饲料观测台，分布在池塘的四周，同时池塘中间也要设定1个，以做到准确观测摄食情况。投饲量要参照水色、对虾肠道内含物的颜色以及对虾活动状态和气候、理化指标及时灵活调整投喂时间和投喂量。

（2）饲料投喂方式　中国对虾和脊尾白虾早上和上午投喂40%，下午以后的投喂量占全天投喂量的60%。

日本囊对虾养殖前45天，夜间投喂量占全天投喂量的70%~80%，潜沙之后白天不投喂。

凡纳滨对虾全程白天投喂量占全天投喂量的80%。日落前水体溶氧量最高时多投，凌晨溶氧量低时少投或不投。

天气异常和理化指标异常时，停止投喂或投饲量减半。结合对虾肠道内含物的颜色和对虾活动状态灵活调整。比如下一餐投喂前肠道内含物为饲料或后半段为饲料，则减投；如果肠道内含物为底泥、藻类等物质，则加投。

3. 病害防治

养殖人员至少每日凌晨、下午及傍晚各巡池1次，清除池塘周围的蟹类、鼠类，观察对虾活动、分布、摄食情况，注意发现病、死的虾、蟹，检查病因、死因，并进行处理。养殖过程应定期对虾池中的病原生物进行检测，预防疾病的发生和传染，养殖池塘不应纳入发病虾池排出的水，不应投喂带有病原的鲜活饵料，及时切断病原传播，保持良好的养殖生态环境，使用无污染和不带病毒的水源，并过滤和消毒，同时强化营养，使用免疫多糖和维生素C提高免疫力，做好隔离、防疫工作。一旦发生病害，需要立即停止饲料投喂，根据水质和养殖动物状况，停止饲料投喂时间一般需要2~4天；根据水质指标换水，一次性换水30%~60%（换水后需要重新培育水质）。待水质改善后，可以重新投喂饲料，但一定要严格控制饲料投喂量，并监测水质情况。

（四）养殖收获

9月下旬至10月上旬利用挂网可收获三疣梭子蟹雄蟹80%~

90%（图31）；10月上旬利用陷网收获中国对虾（图32）；10月中、下旬撤掉护网人工收获菲律宾蛤仔；11月中、下旬利用排水收捕收获三疣梭子蟹雌蟹和半滑舌鳎。

图31　收获三疣梭子蟹　　　　　　图32　收获中国对虾现场

三、增产增效情况

在虾、蟹池塘养殖过程中，根据各地区的养殖环境和养殖水质特点，搭配菲律宾蛤仔和半滑舌鳎等副养品种，既提高了养殖虾、蟹的成活率，又提高了养殖经济效益。同时，还提高了池塘营养物质的循环利用，减少了养殖废水的排放，具有较好的生态效益。

以山东日照为例，主要开展了"中国对虾-三疣梭子蟹-菲律宾蛤仔-半滑舌鳎"生态养殖，亩产中国对虾70千克、三疣梭子蟹60千克、菲律宾蛤仔350千克、半滑舌鳎12千克，实现每亩养殖效益13 000元以上，2010—2013年在日照市推广养殖1万亩以上，养殖水产品总产量4 860吨，总产值达到6 860万元，总利润280万元（表10），山东省海水虾养殖面积达到56 000公顷，在山东省全面推广后社会效益、经济效益显著；另外，养殖过程提高了饲料利用率，降低了废弃物的排放，生态效益显著。

表10　虾、蟹、贝、鱼高效生态养殖统计

品种		放苗量/ （尾·亩⁻¹）	收获体长/ 厘米	收获规格/ （尾·千克⁻¹）	平均产量/ （千克·亩⁻¹）	成活率/%	产值/ （元·亩⁻¹）
中国对虾		6 000	14 ~ 17	28 ~ 35	70	29.3	5 250
三疣梭 子蟹	雄	3 000	9 ~ 12	5 ~ 7	30	11.4	1 500
	雌	3 000	10 ~ 13	4 ~ 7	30	11.4	1 280
菲律宾 蛤仔		50 000 ~ 60 000	3.5 ~ 4.5	120 ~ 150	300 ~ 400	75.6	2 450
半滑舌鳎		30（体长 25厘米）	30 ~ 35	1.0 ~ 1.5	12	76.7	2 800
合计							13 280

在江苏南通地区建立了脊尾白虾、三疣梭子蟹高效生态养殖技术，养殖池塘平均亩产脊尾白虾200千克、三疣梭子蟹50千克，每亩养殖效益12 000元。该模式近3年在南通市池塘养殖推广面积10万余亩，每年可以生产虾、蟹产品2万吨，总产值达到10亿元（表11）。

表11　蟹虾高效生态养殖统计

品种		放苗量/（尾·亩⁻¹）	收获体长/厘米	平均产量/ （千克·亩⁻¹）	产值/（元·亩⁻¹）
脊尾白虾		1千克	4 ~ 5	200	8 000
三疣梭子蟹	雄	3 000	11 ~ 14	25	2 000
	雌	3 000	12 ~ 15	25	2 000
合计					12 000

四、应用案例和注意事项

（一）应用案例

日照开航水产有限公司，有室外海水养殖池塘13个，平均池塘养殖面积5~10亩，最大水深2米，主要养殖中国对虾，养殖过程每年7月初养殖对虾病害暴发严重，年均亩产量不足50千克，多年亏损。在应用"虾、蟹、贝、鱼"海水池塘多营养层次养殖技术后，在池塘中养殖中国对虾、三疣梭子蟹、菲律宾蛤仔和半滑舌鳎，池塘收获中国对虾75千克、价值6 000元，三疣梭子蟹60千克、价值4 800元，菲律宾蛤仔400千克、价值2 400元，半滑舌鳎15千克，价值2 000元，亩产经济效益超过1.5万元，养殖效益的提高大大带动周围养殖户的养殖积极性，该地区采用池塘多营养层次养殖模式的养殖面积超过3 000亩，取得了良好的经济效益和社会效益。

（二）注意事项

针对不同地区的实际情况，基于池塘养殖生态结构优化、营养物质循环利用等原理，进行虾、蟹与其他不同物种的复合养殖管理模式，具体实施过程中要注意根据不同的养殖区域选择合适的混养物种，放苗前必须先对养殖池水质进行分析，确认符合养殖用水水质要求；另外，应注意各个混养物种的放苗量、放苗规格、放苗时间。养殖过程经常观察、检测池内浮游生物种类及数量变化，保持良好水质。

适宜区域：辽宁、天津、河北、山东、江苏、浙江等省、沿海虾、蟹池塘养殖区域。

技术依托单位：中国水产科学研究院黄海水产研究所。

地址：山东省青岛市南京路106号，邮编：266071，联系人：李健、陈萍。

技术咨询电话，0532-85830183，电子邮件：lijian@ysfri.ac.cn。

（中国水产科学研究院黄海水产研究所　李健，陈萍）

池塘底排污
水质改良关键技术

一、技术概述

（一）定义

池塘底排污指在养殖池塘底部最低处的不同位置，根据池塘大小建1到多个漏斗形的排污拦鱼口，通过移污管将养殖过程中沉积的鱼体排泄物、残饵、水生生物尸体等在水体的静压力和抽提排污管自溢下排出养殖水体，改变传统排掉天然饵料丰富、溶氧量高的表层水的历史。集成创新、配套组装的该底排污系统将有机颗粒废弃物经过固液分离池、鱼菜共生湿地净化，固体沉积物作为农作物有机肥，上清液滴灌水生蔬菜、花卉等，或通过生物净化达到《渔业水质标准》或《地表水环境质量标准》三类水的标准，再循环回养殖池塘。该技术实现养殖废弃物资源化利用，确保现代生态渔业健康养殖小区达到零污染、零排放。为渔业的健康持续发展提供了环保工程设施装备和技术支撑。

（二）背景

近年来，随着我国水产养殖集约化的发展，养殖密度越来越高，池塘鱼体排泄物、残饵沉积也越来越严重，造成池塘水体富营养化，威胁区域水域生态平衡。每年亩产2 000千克成鱼的精养池塘，年鱼体排泄物可达5.6千克/米²（相当于有机干物质1.12千克/米²），与残饵沉积塘底，精养池塘沉积物超过水体自净能力，在池底分解耗氧，释放有毒有害物质，导致养殖水体内源性污染，鱼病频发，饲料转化率低，养殖成本增加。同时，我国传统养殖池塘的排水系统，90%以上都是以涵卧管式装置排表层水：一是排出溶氧量高、温度高、鱼类天然饵料（浮游生物）丰富的池塘上层水，导致鱼类的天然饵料（浮游生物）流失；二是养殖沉积物在池底腐烂分解，使池塘成为粪坑，导致水体污染，鱼病频发，饲料转化率低，养殖成本增加。

因此，养殖池塘中的养殖废弃颗粒物（包括鱼体排泄物、残饵等）应定期有效排出，并进行物理、生物等无害化处理。避免养殖废水未经任何处理就直接排放到天然水域，给当地及下游流域带入大量外源性营养物质，造成环境污染。池塘底排污技术能排出养殖水体中底层沉积物和低溶氧量、低温、鱼类天然饵料（浮游生物）少的底层水，实现池塘自动清淤，排出的底层污水经固液分离沉淀池处理，达到粪水分离。上清液排入鱼菜共生的人工湿地进行生物净化，达到《地表水环境质量标准》三类水的标准，可再循环使用或排入沟渠；沉淀物可作为农作物的有机肥料。

（三）技术优势

池塘底排污系统是集成深挖塘、底排污、固液分离、湿地净化、鱼菜共生、节水循环与薄膜防渗、泥水分离的水质改良技术。物理净化与生物净化相结合，可防治养殖水体内、外源性污染，促进养殖水体生态系统良性循环，有效改善池塘养殖水质条件。为提高水产养殖产量，确保水产品质量安全和实现节能减排、资源有效利用提供技术支撑。

（四）技术成熟、应用广泛

该技术先后在成都市双流县华阳镇万福水产品养殖场、双流县永兴镇渔业养殖专业合作社、双流县永兴镇瑞枫红渔场、成都军区新津军需培训基地和通威股份有限公司各分公司、子公司销售区域（重庆、广东、湖北、湖南、江苏、海南、天津、河南）等地建立了50多个示范点（示范面积1 600余亩），建立鱼、菜共生种植面积1 854米²，以点带面，示范推广底排污水质改良技术面积8 693亩，辐射25 091亩。

二、技术要点

（一）饲料投喂精准化

（1）饲料的选择　要根据鱼价、增重情况及饲料成本等来选择合适的高质、高性价比产品，并选择合适的饲料粒径。

（2）饲料投喂量的确定　根据养殖鱼类的生长速度、不同阶段的营养需求量和配合饲料的质量水平确定每天的饲料投喂量。

$$日投饲量=鱼的平均重量×尾数×投饲率$$
$$全年投饲量 = 饲料系数×预计净产量$$

（3）饲料组合投喂　即在1年的养殖周期中，不要只用1种饲料去养殖不同生长阶段的鱼，而要用2类饲料组合投喂，即分别使用前期饲料和后期饲料。比如，目前大口鲇通常是前期饲料占全程饲料总量的35%，后期饲料占65%。北方的鲤通常是前期饲料用30%，后期饲料用70%。华东的鲫，通常采用在不同水温阶段选择不同饲料的组合，根据不同水温选择不同饲料产品、不同投料次数和不同投饵率。在华南，膨化饲料和颗粒饲料并存，推荐按1∶1搭配使用。

（4）投饲方法　确定投饲区域、投饲设备、投饲时间、投饲次数及不同养殖期的投饲率，做到鱼吃多少就投多少。以华东草鱼与鲫混养的投饲区域为例，由于各自营养需求不一样，草鱼又易生病，因此，精准投喂不仅要有针对性地给鲫和草鱼最适合的营养，投喂给草鱼的药饵料应尽量不被鲫吃掉。分区域投喂就能做到这一点，即采用2个投喂点，一个可以用适合草鱼的较大规格的专用料喂草鱼，而另一个可以用适合鲫的较小规格的专用料喂鲫。这是如何做到的呢？当它们一块吃料的时候，我们逐渐用膨化饲料吸引草鱼游到草鱼投喂点，1周左右就能将2种鱼给分开了。

（二）池塘底排污系统技术要点

池塘底排污系统指将池塘底部的鱼体排泄物等有机颗粒废弃物和废水排出养殖水体的一种水质改良技术。主要由底排污口、排污管道、排污出口竖井、排污阀门等组成。

1. 池塘基本建设

底排污池塘的建设要符合池塘养殖场的主体建筑，其形状、面积、深度和塘底主要取决于地形、养鱼品种等的要求，一般为长方形，东西向，长宽比为（2~4）：1，池埂的坡度和护坡形式根据当地的地质、地貌确定。鱼塘底部坡度为0.2%~7%。长宽比大的池塘水流状态较好，管理操作方便；长宽比小的池塘，池内水流状态较差，存在较大死角和死区，不利于养殖生产。池塘的朝向应结合场地的地形、水文、风向等因素，尽量使池面充分接受阳光照射，满足水中天然饵料的生长需要。池塘朝向也要考虑是否有利于风力搅动水面，增加溶氧量。在山区建造养殖场，应根据地形选择背山向阳的位置。表12 为不同类型淡水池塘规格的参考值。

表12　不同类型淡水池塘规格参考

池塘类型	面积/米^2	池深/米	长宽比	备注
鱼苗塘	1 000.1~1 333.4	1.5~2.0	2：1	兼作鱼种塘
鱼种塘	1 333.4~3 333.5	2.0~2.5	（2~3）：1	—
成鱼塘	3 333.5~10 000.1	2.5~3.5	（2~4）：1	可宽埂

（续）

池塘类型	面积/米²	池深/米	长宽比	备注
亲鱼塘	2 000.1~2 666.8	2.5~3.5	（2~3）：1	应靠近产卵池
越冬塘	3 333.5~6 666.7	3.0~4.0	（2~4）：1	近水源

2. 池塘底部改造

池塘底部坡度为0.2%~0.7%（图33）；池塘最低处修排污口。

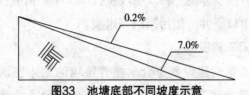

图33　池塘底部不同坡度示意

3. 塘底排污口

池塘排污口位于池塘底部最低处。为方形，长×宽×深至少为80厘米×80厘米×40厘米，周围固化面积大于6米²，呈15°~30°的锅底形（图34，表13和表14）。

图34　池塘底排污口

排污口挡水板呈正方形，有4个支撑点，顶盖与排污口间缝隙的总面积不高于排污管口面积。拦鱼网指池塘排污或排水过程中安放在排污口或排水口防止池塘中鱼逃跑，有一定形状和大小的网片。拦鱼网的材质按用途不同而定，一般有铁、不锈钢等（图35）。

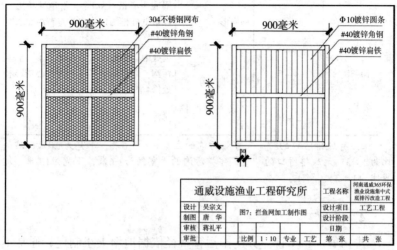

图35 拦鱼网加工制作

图中所有尺寸均为毫米；此设备外部框架采用#40镀锌角钢焊制；内部支撑框架采用40毫米镀锌扁铁焊制；网布采用304不锈钢网，孔径10～15毫米；具体大小可根据所养鱼的品种及规格而定；网布边缘采用40毫米镀锌扁铁压边焊制；焊制完毕后打焊渣，去毛刺，焊点刷防锈漆2次；右图中拦鱼栅格间距可根据现场实际情况进行缩放

表13 山地池塘塘底排污口数量与池塘大小的关系

池塘规格/亩	塘底排污口数/个	塘底形状	排污口修建位置
≤2	1～3	锅底形	锅底形中心最低处
2～5	3	锅底形	锅底形中心最低处
5~15	3～5	锅底形	锅底中心最低处1个；沿池塘长边，以最低处排污口为中心左右20米处修2个排污口
≥15	≥5	多个锅底形	锅底形中心最低处

表14 平原池塘塘底排污口数量与池塘大小的关系

池塘规格/亩	塘底排污口数/个	池底形状	排污口修建位置
5~10	3	锅底形	锅底中心最低处1个；沿池塘长边，以最低处排污口为中心左右约20米处修2个
10~30	4～5	锅底形，"十"字形排污沟	锅底中心最低处1个；沿池"十"字排污沟，以最低处排污口为中心约20米处修4个
≥30	5～10	多条平行的排污口	排污口与池塘长边平行

注：有底排污口的"十"字排污沟的上宽约为1.6米，下宽为1.0米，坡降比为2：3；无底排污口的"十"字排污沟的上宽约为1.6米，下宽为1.0米，坡降比为1：3。

4. 排污管

排污管为PVC管。分支排污管直径依据池塘大小制定，通常不超过30亩的池塘的排污管直径为110~160毫米，大于30亩的池塘的排污管直径为200毫米；一般总排污管直径为315毫米，池塘规格较小可缩小总排污管直径。

5. 竖井

用于安置排污出口抽插式开关的立方体水泥井。围绕较近池塘区域修建（如建于池埂上），池塘底排污口与竖井内出污口（竖井接口）有1%~2%的坡度（便于池塘养殖固体颗粒废弃物和废水排出），其具体的高差可根据不同地形、地貌因地制宜，以确定底部的高程建设；当池塘无高位差或高位差较小时，池塘不超过5亩的最好多口池塘共用1个竖井，池塘超过5亩时最好2口池塘共用1个竖井，如图36、图37所示。

竖井内插管孔修建：1个插管对应1个插管孔；插管孔为锅底形，高度约为10厘米。

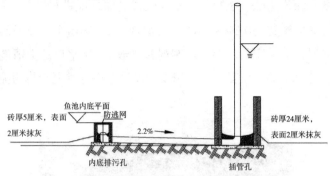

砖厚5厘米，表面
2厘米抹灰

鱼池内底平面
防逃网

2.2%

砖厚24厘米，
表面2厘米抹灰

内底排污孔

插管孔

图36　竖井与底排污口连接的剖面

鱼池内底排污孔最低处与插管孔最低处高度相差10厘米；插管孔内管内水深与1号鱼池水深相等；管子为直径20厘米PVC管

图37　竖井俯视图

6. 固液分离技术

排出的养殖沉积物进行固液分离对比试验得出，在絮凝剂处理、自然沉淀、滤袋分离、输送带分离等方法中，目前优选出自然沉淀法，可将养殖沉积物分离为固形物和分离液，其比例为1∶9，固定物总氮为1.9%，总磷为1.6%；分离液总氮为0.1%，总磷为0.07%。

固液分离池主要原理是利用比重对养殖污水中污染颗粒进行沉淀分离（平流沉淀池，见图38），主要作用是沉沙，相对密度最大的沙砾在这一阶段快速沉淀。面积为养殖面积的0.1%～0.5%，长、宽、深比为6.5∶3.3∶1（深度可视具体情况进行调整），斜向出水口的坡度都为0.2%~7.0%，沉淀池近底部开1个15厘米的排泥管（排泥管下端安装闸阀，控制泥粪排放）。出水口的上清液进入竖流沉淀池（图39和表15）进一步处理，近底部排泥管将污泥转运到集粪池。

图38　平流沉淀池俯视图

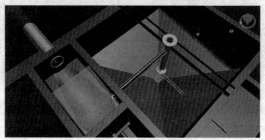

图39　竖流沉淀池俯视图

表15　竖流沉淀池与排污口的关系

竖流沉淀池规格（长×宽×高）/米³	泥斗高/米	有效水深/米	体积/米³	池塘底排污口数/个
3×3×3	1.2	2.5	20	1~3
4×4×3	.1.2	2.5	35	3~5
5×5×3	1.2	2.5	50	5~10
6×6×3	1.2	2.5	70	10~20

固液分离池都用标砖（240毫米×115毫米×53毫米）做240毫米厚的墙体（个别地区地质条件不好的可加厚）。用1：3的水泥灰浆做底灰和表面抹灰处理。地基用C25混凝土做10～20厘米厚的地基，如果地质条件较差的地区则需打桩或编制钢筋网加固地基。

7. 集粪沟

集粪沟宽度和深度按当地水沟内的最大洪水量设计（图40）。

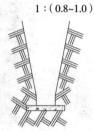

1：（0.8~1.0）

集粪沟

图40 集粪沟剖面图

集粪沟底部为0.2%～7.0%的坡度，水流方向统一指向集粪坑。

集粪沟的路线经过底排污池、固液分离池、人工湿地、其他鱼塘排水口及自身排水口。

集粪沟的护坡均采用C20水泥砂浆护坡。坡度为1：（0.8~1.0）（图40）。

8. 晒粪台

晒粪台建设依养殖固体颗粒有机物的多少制定，可大可小，也可不必专门修建晒粪台，可因地制宜利用固液分离池周边空地晒粪。

9. 养殖固体废弃物综合利用

固液分离池收集的养殖沉积物可用来种植瓜果蔬菜；上清液用于滴灌湿地种植的水生经济植物（彩图10），多余的水可进入人工湿地、养殖滤食性鱼类或种植水生蔬菜、花卉等。

10. 人工湿地、鱼菜共生

鱼菜共生（图41）是一种新型的复合耕作体系，它把水产养殖与蔬菜生产这两种原本完全不同的农耕技术，通过巧妙的生态设计，达到科学的协同共生，从而实现养鱼不换水而无水质忧患，种菜不施肥而菜正常成长的生态共生效应。让动物、植物、微生物三者之间达到一种和谐的生态平衡关系，是可持续的循环式、零排放的低碳生产模式，是有效解决农业生态危机的有效方法。

湿地面积为养殖池塘的10%，种植水生蔬菜、花卉的浮床面积为湿地面积的10%~30%。

图41　鱼菜共生图

11. 增氧设备配备

底排污池塘配套使用多种增氧设施进行复合增氧（表16，表17）。包括选择增氧机的品种（3种以上，如微孔增氧机、表曝机、水车增氧机、叶轮增氧机或涌浪机）；确定功率配备（每亩面积配0.7千瓦以上）；确定各种增氧机在池塘中安放的最佳位置（水车增氧机和微孔增氧机安装在投饵区外缘附近，叶轮增氧机、涌浪机要远离投饵台，见图42）；确定增氧机运行的最佳时段，掌握溶解氧控制技术等。

表16　山地池塘增氧设备组合与池塘规格的关系

池塘规格/亩	增氧设备	安放位置
≤5	高效水车增氧机2台	池塘对角
5~15	高效水车增氧机2~4台 涌浪机1~2台	高效水车增氧机安置对角； 涌浪机池塘长边两头
≥15	高效水车增氧机4台 涌浪机3台	高效水车增氧机安置对角； 涌浪机池塘长边两头

表17　平原池塘增氧设备组合与池塘规格的关系

池塘规格/亩	增氧设备	安放位置
5~10	高效水车增氧机2~4台 涌浪机1台	高效水车增氧机安置对角； 涌浪机池塘长边两头
10~30	高效水车增氧机4~8台 涌浪机2台	高效水车增氧机安置对角； 涌浪机池塘长边两头
≥30	高效水车增氧机≥8台 涌浪机≥3台	高效水车增氧机安置对角； 涌浪机池塘长边两头

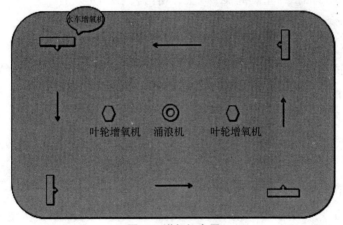

图42　增氧机布局

三、增产增效情况

底排污池塘对底层污水和养殖沉积物的排出率可达80%，同时减少了80%以上的清淤能耗和劳动力；排出的底层污水进入固液分离池，通过自然沉淀和过滤，达到泥水分离，沉淀物作为农作物的有机肥料或作为沼气池发酵原料，上清液排入人工湿地循环利用或滴灌种植水生蔬菜，重复利用率达100%。水体净化处理后通过抽提进入养殖池循环利用,可节水60%;底排污池塘与传统池塘相比,亩平均产量提高20%(增加250千克以上),亩养殖效益增加3 000元以上。

(一)经济效益

该系统示范推广到全国9个省、直辖市,建立了50多个示范点(示范面积1 600余亩),示范推广面积8 693亩,辐射25 091亩,累计实现新增产值8亿多元,新增利润1亿多元,新增税收5 454万元。水产品亩产量提高20%以上,亩增收3 000元以上。

(二)环保效益

该技术显著提高环保效能。可将污染预防、环境绩效、节能减排、再生资源等达到最大限度的利用。促进经济系统与生态系统之间能量与物质的高效率良性循环:① 投入成本低,环保渔业工程设施改造费仅1 000元/亩左右,节水90%以上,降低饲料系数30%左右,比常规池塘减少80%以上的清淤能耗和劳动成本。② 水产养殖污染物回收处理技术,可使养殖污染物回收率达50%以上,经生态工艺和清洁生产技术处理,可再生利用率达100%,实现养殖废水零排放。③ 该技术可净化水质,良性循环使用,减少了鱼病发生和有毒有害物质扩散,大大提高了绿色水产品产量,保障了水产品质量安全。

(三)社会效益

该项目推广面积8 693亩,辐射面积2.5万余亩;污染物再生利用,带动了第三产业和种、养业发展,实现经济效益26亿元以上;同时带动饲料产业发展,累计实现销售额200多亿元;培训养殖能手达2万多人次,解决就业1 000多人次。

四、应用案例和注意事项

（一）应用案例

1. 双流县万福水产品养殖场

3年以来，30多亩水面收益超过40万元，平均亩收益超过1万元。2013年在面积为0.9亩的泥水分离底排污池塘，2—5月养殖泥鳅苗种销售收入5万多元，6—11月养成罗非鱼成鱼销售收入3万多元，总计收入8万多元，获利3万多元。

2. 双流县永兴镇水产养殖技术协会

2013年9月25日底排污对比试验基地因跳闸断电，发生缺氧死鱼。1号底排污池未死亡1尾鱼，而2号、4号没有底排污的对照池死亡2 771.5千克（损失近4.5万元）。通威股份有限公司设施渔业工程研究所与双流县永兴镇水产养殖技术协会进行对比试验证明，底排污池与对照池同时放养同规格、同密度的南方鲇，经156天养殖，底排污池的饵料系数为0.922，亩净利润5 234元，对照池的饵料系数为1.512，亩净利润478.3元。试验结果表明，底排污池比对照池饵料系数低0.59，亩净利润高4 755.7元。

（二）注意事项

① 底排污系统应避免带水安装，防止高程落差达不到要求而影响系统的排污效果。

② 需根据安装池塘的形状、大小、地理条件科学设计底排污系统。

③ 科学安装流程：池塘售鱼清塘、干塘后，在池底先找坡度，再在最低处安装、修建底排污口，埋设排污管等。

④ 底排污口必须在池底最低处，才更利于集污。

适宜区域：适用于全国的养殖池塘。

技术依托单位：通威股份有限公司设施渔业工程研究所。

地址：四川省成都市二环路南四段11号，邮编：610041，联系人：蒋礼平，联系电话：028-86168780。

（通威股份有限公司　吴宗文，蒋礼平）

人工湿地净化
养殖排放水技术

我国是世界上池塘养殖规模最大的国家，随着养殖密度的增加，池塘水质富营养化现象及其他污染状况不断加剧。为了改善池塘水质和减少养殖污染排放，近年来，国内、外开展了许多研究试验，从应用情况来看，人工湿地池塘循环水养殖模式在生产中取得了良好的效果。本文重点介绍人工湿地净化养殖排放水技术，旨在为全国池塘养殖节水减排和转变养殖生产方式提供技术支持。

一、人工湿地的概念与池塘养殖现状

（一）人工湿地的概念

人工湿地（constructed wetlands）是指通过模拟天然湿地系统结构和功能而建造的、可控制运行的湿地系统，用以对受污染水体进行处理的一种工艺，由围护结构、人工介质、水生植物等部分构成。当池塘养殖污水进入人工湿地时，其污染物被床体吸附、过滤、分解而达到水质净化的作用。

（二）池塘养殖现状与技术需求

2012年全国内陆淡水池塘养殖面积245万公顷，产量1 743.504万吨，占全国水产品总量的48%，全国池塘养殖平均产量为7 116.6千克/公顷（474.4千克/亩，约0.4千克/米^3），淡水养殖鱼类中，产量排前三位为草鱼444.22万吨，鲢371.39万吨，鲤271.82万吨，全国大宗淡水鱼饲料投入约为1 202万吨，平均饲料系数为1.15（《2013中国渔业统计年鉴》）。但由于我国的多数养殖池塘建设于20世纪70—80年代，经过多年的使用后，目前普遍存在着生产环境恶化、设施破败陈旧、池塘坍塌、淤积严重、养殖污染排放大、耗水量高、生产效率低下等问题。我国池塘养殖每生产1千克鱼需要耗水3.0~13.4米^3（生产1千克粮食耗水量约为0.8米^3），大宗淡水鱼池塘养殖平均耗水量为6.5米^3（按照0.4千克/米^{3}计算），2011年淡水池塘养殖用水量约为109×10^9米^3，占2011年农业供水量（379×10^9米^3）的28.8%，占全国年用水总量（600×10^9米^3）的18.2%（全国万元GDP用水量为129米^3），投放的饲料有10%～20%未能被摄食，而以溶解和颗粒物的形式排入水体环境中。大宗淡水养殖中投入的饲料仅有20%～25%的氮和25%～40%的磷用于养殖对象生长，75%～80%的氮和60%～75%的磷则以粪便和代谢物的形式又排入周边水体。目前我国的池塘养殖主要存在以下问题。

①水资源消耗大，资源依赖性强。多数养殖地区水资源供应不足，即使在水资源充足的南方地区也存在着水质型缺水问题。②养殖污染严重，随意排放、沉积污染等制约了池塘养殖的发展。③养殖生产方式简单，依靠经验生产、片面追求产量、养殖环境无法调控。④养殖产品质量安全存在隐患，养殖病害、用药、药残严重。⑤养殖设施化程度低，存在着设施简单、粗糙、陈旧等问题。⑥缺乏成熟的模式和节水、减排技术措施，效益低下。⑦养殖机械化、数字化程度低，属于劳动密集型产业。

从产业体系对全国池塘养殖的技术需求调研来看，养殖设施化、生态化、机械化、数字化是最为迫切的需求。其中，基于人工湿地的池塘生态工程化养殖模式，成为近年来广泛推广的池塘养殖节水、减排模式。

二、人工湿地构建技术要点

（一）人工湿地分类

目前应用于污水处理的人工湿地主要有3种类型：一是自由表面流人工湿地（surface flow wetlands，SFW），二是水平流人工湿地（subsurface flow wetlands，SSFW），三是垂直流人工湿地（vertical flow wetlands，VFW），湿地的分类方式见图43。

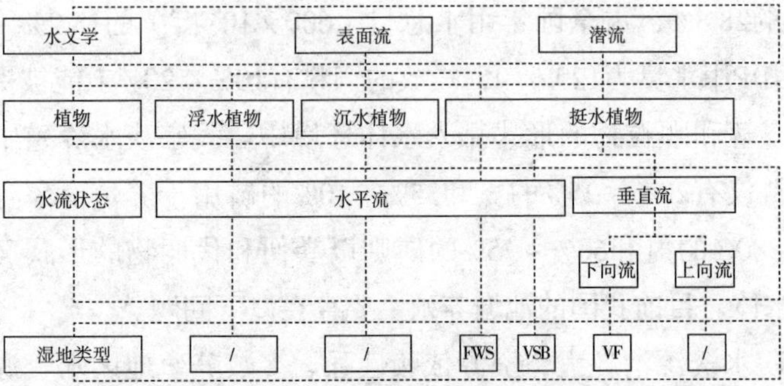

图43 人工湿地系统的分类

（二）人工湿地净化污水的基本原理

人工湿地是由填料（基质）、植物和微生物等组成的复合系统，污水、污泥有控制地投配到该系统中，污水与污泥在沿一定方向流动的过程中，主要利用土壤、人工介质、植物、微生物的物理、化学、生物的三重协同作用，对污水、污泥进行处理的一种技术。

人工湿地对水产养殖废水中悬浮颗粒物的去除主要靠物理沉淀、过滤作用，耗氧物质的去除主要靠微生物吸附和代谢作用，代谢产物均为无害的稳定物质。氮、磷等营养盐的去除主要利用生物脱氮及植物吸收的方法。可沉淀固体在湿地中经重力沉降去除、过滤，通过颗粒间的相互引力作用及植物根系的阻截作用使可沉降及可絮凝固体被阻截而去除。利用悬浮的底泥和寄生于植物上的细菌的代谢作用将悬浮物、胶体、可溶性固体分解成无机物，通过生物硝化-反硝化作用去除氮，部分微量元素被微生物和植物利用、氧化，并经阻截或结合而被去除。

（三）不同类型人工湿地的特点

1. 表面流湿地

表面流人工湿地（free water surface constructed wetlands）是一种污水在人工湿地介质层表面流动，依靠表层介质、植物根茎的拦截及其上的生物膜降解作用，使水净化的人工湿地（图44）。表面流湿地具有投资少、操作简单、运行费用低等优点，但也有占地大、水力负荷小、净化能力有限、湿地中的 O_2 来源于水面扩散与植物根系传输，系统运行受气候影响大，夏季易孳生蚊子、苍蝇等缺点。

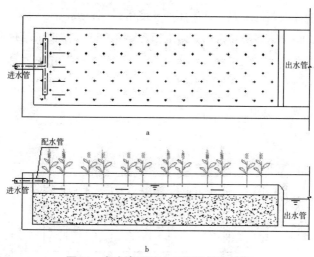

图44　自由表面流人工湿地结构简图

a. 平面图　b. 剖面图

2. 潜流式人工湿地

一般由2级湿地串联，处理单元并联组成，湿地中根据处理污染物的不同而填有不同介质，种植不同种类的净化植物，水通过基质、植物和微生物的物理、化学以及生物的途径共同完成系统的净化，对生物需氧量、化学需氧量、总悬浮物、总磷、总氮、藻类、石油类等有显著的去除效率。此外，还有良好的硝化与反硝化功能区，去除水体中的总氮、总磷、石油类等物质。潜流湿地具有水力负荷与污染负荷较大，对生物需氧量、化学需氧量、悬浮物及重金属等处理效果好，O_2源于植物根传输，少有恶臭与蚊、蝇等优点，但也存在着控制相对复杂，脱氮和磷效果欠佳等问题。

潜流式湿地分为垂直流潜流式人工湿地和水平流潜流式人工湿地。

1）垂直流人工湿地

垂直流人工湿地（vertical flow constructed wetlands）：污水从人工湿地表面垂直流过人工湿地介质床而从底部排出，或从人工湿地底部进入垂直流向介质表层并排出，使水得以净化的人工湿地（图45）。

垂直流人工湿地具有完整的布水、集水系统，其优点是占地面积小，处理效率高，整个系统可以建在地下，地上可以建成绿地和配合景观规划使用。

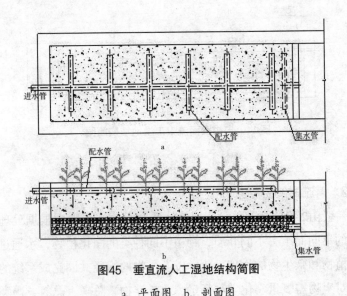

图45　垂直流人工湿地结构简图

a. 平面图　b. 剖面图

2）水平流人工湿地

水平潜流人工湿地（subsurface horizontal flow constructed wetlands）：是一种水面在填料表面以下，污水从人工湿地池体一端进入，水平流经人工湿地介质拦截、植物根部及生物膜的降解作用，使水净化的人工湿地（图46）。

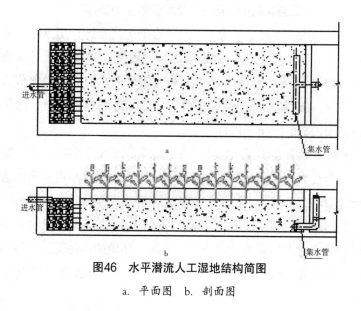

图46 水平潜流人工湿地结构简图

a. 平面图 b. 剖面图

3. 渠型人工湿地

沟渠型湿地包括植物系统、介质系统、收集系统。主要对雨水等面源污染进行收集处理，通过过滤、吸附、生化处理达到净化雨水及污水的目的。沟渠型人工湿地是小流域水质治理、保护的有效手段。主要有以下系统模式。

（1）浮水植物系统　以浮水植物为主，可通过光合作用由根系向水体放氧，通过植物吸收去除氮、磷及重金属等污染物。浮水植物主要用于氮和磷的去除，提高池塘的效率。

（2）挺水植物系统　以挺水植物为主，植物根系发达，可通过根系向基质送氧，使基质中形成多个好氧、兼性厌氧、厌氧小区，利于多种微生物繁殖，便于污染物的多途径降解。

（3）沉水植物　以沉水植物为主，该系统还处于试验阶段，主要用于初级处理与二级处理后的精处理。

（四）人工湿地净化养殖排放水的优点和缺点

人工湿地污水处理系统是一个综合的生态系统，用于净化养殖排放水具有如下优点：① 建造和运行费用低；② 易于维护，技术含量低；③ 效率高，运行可靠；④ 可缓冲对水力和污染负荷的冲击；⑤ 可直接提供或间接提供效益，如造纸原料、建材、绿化、野生动物栖息、娱乐和教育。

不足之处有：① 占地面积大；② 易受病虫害影响；③ 生物和水力复杂性大，设计运行参数不精确，常由于设计不当使出水达不到设计要求或不能达标排放，有的人工湿地反而成了污染源。

总的来说，人工湿地污水处理系统是一种高效的废水处理方式，它能充分发挥资源的生产潜力，防止环境的再污染，获得污水处理与资源化的最佳效益。比较适合水产养殖排放污水的处理。

（五）人工湿地构建

1. 基本结构

人工湿地一般由5部分组成：① 具有透水性的基质，如土壤、沙、砾石、陶粒；② 适合于在不同含水量环境生活的植物，如芦苇、美人蕉、空心菜；③ 水体（在基质表面之上或之下流动的水）；④ 无脊椎或脊椎动物；⑤ 好氧或厌氧微生物群落。图47所示为1个具备完整组成的人工湿地构成图。

人工湿地中的基质又称填料、滤料，一般由土壤、细沙、粗沙、砾石、碎瓦片、粉煤灰、泥炭、页岩、铝矾土、膨润土、沸石等一种或几种介质所构成，因此，多种材料包括土壤、沙子、矿物、有机物料以及工业副产品，如炉渣、钢渣和粉煤灰等都可作为人工湿地基质。

植物是人工湿地的重要组成部分。常见可以作为人工湿地的植物包括：① 湿生植物，如莎草（*Cyperus rotundus*）、河柳（*Salix chaenomeloides*）、水杉（*Metasequoia glyptostr boides*）、池杉（*Taxodium ascendens*）等；② 挺水植物，如芦苇（*Phragmites australis*）、茭白（*Zizanira caduciflora*）、灯心草（*Juncus effucus*）等；③ 浮叶植物，如睡莲（*Nymphaea terragona*）、莼菜（*Brasenia schreberi*）、菱（*Trapa matans*）等；④ 沉水植物，如苦草（*Vallianeria*）、黑藻（*Hydrilla verticillata*）等；⑤ 漂浮植物，如凤眼莲（*Eichhirnia crasslpes*）、水浮莲（*Pistia stratiotes*）、满江红（*Azolla imbricata*）等。

水体则是用于处理的污水，无脊椎或脊椎动物以及好氧或厌氧微生物群落则是基质和植物搭配好后系统中自然形成的生物群落，基本上不用人为添加。

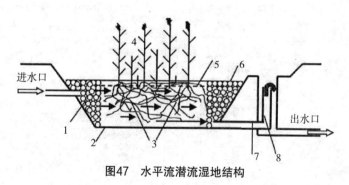

图47　水平流潜流湿地结构

1. 大石子分布区　2. 防渗层　3. 过滤基质　4. 大型植物　5. 水流　6. 布满大石子的收集区域　7. 排水收集管　8. 维持水位的排放孔　箭头方向表示水流方向

2. 人工湿地的设计要点

人工湿地设计的关键因素主要包括占地面积、设计水深、基质类型、预处理方法及植物的种类等。不同类型人工湿地系统的设计不同，但都遵循系统设计的基本原则，即通用性原则，人工湿地系统均包括一些基本元素及参数的确定，如湿地规划与选址、系统总面积、处理单元尺寸、不同单元设计参数以及具体的工艺组合等。具体的设计过程可以参考图48。

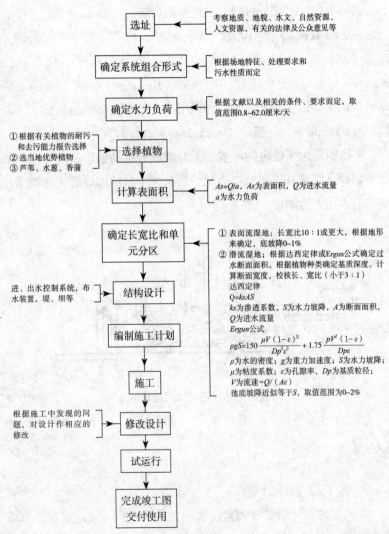

图48　人工湿地处理系统设计流程

1）场地的选择

场地选择要符合技术科学、投资费用低的要求。人工湿地系统选址主要有以下几个原则。

① 符合养殖规划与区域规划的要求。② 选址宜在水源下游，并在夏季最小风频的上风侧。③ 符合工程地质、水文地质等方面的要求。④ 具有良好的土质，基质条件。⑤ 具备防洪排洪设施。⑥ 总体布置紧凑合理，湿地系统高程设计应尽量结合自然坡度，能够使水自流，需提升时，宜一次提升。

土地面积：初步设计湿地系统的用地面积，可通过日处理污水量、水力负荷和气象资料进行估算。建议使用如下公式

$$F = (\delta Q) / (LP)$$

式中：F——工程所需占地面积（公顷）；

　　　δ——平均流量（米^3/天）；

　　　Q——水力负荷（米/周）；

　　　L——运行时间（全年运行周数）（周）；

　　　P——换算系数，取值0.036 5，仅考虑处理储存用地，而不
　　　　　　包括其他附属设施的最小土地需求量。

2）主体工程设计

（1）处理水量的确定　根据置换周期设计每天需要处理的水量，计算公式如下：

$$Q_X = V/T$$

式中：Q_X—— 循环处理水量（米^3/天）；

　　　V——景观水体中的水量（米^3）；

　　　T——置换周期（天）。

置换周期指湿地系统中的水全部被人工湿地处理1遍所需要的

时间。

（2）湿地面积的确定　根据水力负荷计算。

根据进水性质、出水要求以及建设条件等因素，一般将合理的水力负荷取值范围设为8~620毫米/天，并以此为依据计算人工湿地的表面积。

根据水力负荷设计湿地的面积，计算公式如下：

$$A_s = 1\ 000Q/a$$

式中：A_s——对湿地系统水体进行循环处理需要的人工湿地的面积（米^2）；

Q——污水的设计流量（米^3/天）；

a——人工湿地的水力负荷（毫米/天）。

根据水力负荷确定表面积的计算比较简单，但是确定合理的水力负荷比较困难。从湿地系统长期安全运行考虑，建议水力负荷不超过1 000毫米/天。

（3）系统分区　湿地单元的性状可以有多种，如矩形、正方形、圆形、椭圆形、梯形等，其中前三者比较常用，特别是矩形。确定湿地系统的尺寸和形状后，要对不同单元进行分区。确定湿地单元数目时要综合考虑系统运行的稳定性、易维护性和地形特点。湿地的布置形式也需多样化，即可并联组合，也可串联组合。并联组合可以使有机负荷在各大单元中均匀分布，串联组合可以使流态接近于推流，获得更高的去除效果。

湿地处理系统应该至少有2个可以同时运行的单元以使得系统灵活运行。所需要的单元数目必须根据单元增加的基建费用、地形以及适应灵活运行等方面确定。一般认为"沉淀塘+湿地"模式是一种较好的组合，在湿地中适当安排深水区有利于收集大量的沉积物，因为它们提供了额外的收集空间，而且容易清除这些沉积物。

（4）单元大小的确定　确定人工湿地的表面积（A_s）后，可选择适当的长度（L）和宽度（W），即可确定长宽比（L/W）。表面流湿地可以采用较大的长宽比，如10∶1甚至更大；水平流潜流湿地较小，可在（3~10）∶1内选取；垂直流湿地也不宜采用过大的长宽比，否则难以保证布水均匀，一般要求单池的长宽比小于2∶1。

在实际人工湿地污水处理系统的设计中，水力学因素直接关系到污水在系统单元中的流速、流态、停留时间及与植物生长关系密切的水位线控制等重要问题。

① 水面线及其控制：在人工湿地系统中，碎石床的水面线设计和控制直接影响植物的生长和污染物的降解环境。在渗流中，水流运动一般用达西定律（Darcy's law）描述：

$$v = ks \qquad (1)$$

式中：v——渗流平均流速；

　　　s——水力坡度；

　　　k——渗流系数。

但是一般认为，当渗流的雷诺数在1~10时，（1）式就不适用了。此外，当介质的粒径较大时，对水流的挠动作用已经不能忽视。

在有挠动流的情况下，一般用以下公式描述流速与水力坡度的关系：

$$s = \alpha v + \beta v^2 \qquad (2)$$

可见其既非渗流中的线性关系，也不是明渠流动中的二次方关系。（2）式中的α和β依赖于介质的粒径、孔隙率、水温等因素，一般通过实验确定。

人工湿地设计水力学参数的确定是比较困难的，相关研究总结了相应的水力学方程，其中，（4）式为（3）式的修正差分近似解：

$$\frac{dh}{dx} = i - \frac{150\,\mu Q\,(1-\varepsilon)^2}{\rho g B h D_p^2 \varepsilon^2} - \frac{1.75\,Q^2\,(1-\varepsilon)}{gB^2h^2D_p\varepsilon} = f(h) \qquad （3）$$

$$h_{k+1} = h_k + \frac{\Delta x}{2}[f(h_k)+f(h_k)+\Delta x f(h_k)] \qquad （4）$$

式中：i——碎石床底坡；

Q——污水流量；

B——碎石床宽度；

h——水深；

μ——动力黏滞系数；

ρ——水的密度；

g——重力加速度；

ε——介质孔隙率；

D_p——平均粒径。

由（4）式可很方便地求出不同底坡、碎石粒径以及控制水位条件下的水面线。

② 碎石粒径和碎石深度：碎石粒径直接影响到床体的介质孔隙率和作物的生长条件。根据研究，平均碎石粒径与孔隙率一般有如下关系：

$$\varepsilon = 0.039D_p^{-0.51}$$

通常 D_p 为 5~20毫米。不过，对于不同均匀度的碎石，孔隙率最好通过实验确定。

床体中碎石的填深取决于作物根系发育的可能最大深度，对芦苇床一般推荐0.6~0.7米，而对席草、灯芯草等植物则以0.45~0.60米为宜。

③ 单元宽度、底坡、流速：碎石床的单元宽度、底坡和流速可以在污水流量Q给定情况下相互确定，只要借助于另外的条件先定出3个参数中的任1个。如果先选定流速v，则一般有$20 \leqslant v \leqslant 280$米/天，对于底坡$i$，最好取为均匀流动时的水力坡度$s$。根据文献和白泥坑的试验，宜取$0 < s < 2\%$。

④ 单元长度与污水停留时间

这两个参数一般情况下要由污染物的净化特征来确定，人工湿地中污染物的降解规律一般用一阶动力学反应方程描述，如下式：

$$C_e = C_0 \exp\left(-k_T t\right) = C_0 \exp\left(-k_T \frac{LBD\varepsilon}{Q}\right) \quad (5)$$

式中：C_e，C_0——分别为单元的出水和入水的污染物浓度；

$\quad\quad k_T$——降解系数，随污水性质、污染物浓度以及系统设计特征而变，一般要由实验确定。

给出k_T后，确定单元长度L是简单的。但是准确的k_T往往很难获得。

上述方法在理论上说是没有问题的，但是实用中L却不能太大。据经验，L一般不应大于50米，较好的值可参照底坡i的情况事先确定。L一旦确定，则单元停留时间也就确定了。

（5）基质选择　湿地基质的选择应从适用性、实用性、经济性及易得性等几个方面综合考虑。

对于自由表面流湿地，通常大型水生植物，如芦苇、菖蒲、香蒲根与根系需要300~400毫米的土层，这部分土层可以优先选用原地址的表层土，也可以采用小粒径的细沙等材料构建人工土壤。

对于潜流型湿地，基质的种类和大小选择范围都很广，比如沸石、石灰石、砾石、页岩、油页岩、黏性矿物（蛭石）、硅灰石、高炉渣、煤灰渣、草炭、陶瓷滤料等。一般采用直径小于120毫米的砾石（卵石）比较合适。

（6）进、出水系统　人工湿地系统进、出水结构设计主要考虑有机负荷在处理单元的分布、湿地系统的安全运营及蚊虫孳生等问题。

进水系统是向人工湿地中输送污水，布水时应尽量均匀。在湿地维护或闲置期间，进水系统可关闭。进水系统还可用于调控流量；进水可靠重力流，也可靠压力流。重力流布水可节省能源和运行维护费用，但需较大管径以减少水头损失。而压力流出口流速较大，可能引起冲蚀和植物损坏。

进水方式可采用单点布水、多点布水和溢流堰布水。如果湿地进水区较窄或湿地呈狭长形（很大的长宽比），可采用单点进水。如果进水区较宽，宜采用多点进水。采用溢流堰进水就是在湿地进水前设一低地，低地出口也即湿地进口可设多个，但需处于同一标高位置，以利于均匀布水。

表面流湿地的进水系统比较简单。1个或者数个末端开口的管道、渠道或带有闸门的管道、渠道将水排入湿地中。

在潜流型湿地中，进水系统包括铺设在地面和地下的多头导管、与水流方向垂直的敞开沟渠以及简单的单点溢流装置。地下的多头进水管可以避免藻类的黏附生长及可能发生的堵塞，但调整和维护相当困难。地表面的多头进水管通常要高出湿地水面120~240毫米来避免雍水问题。在进水区使用较粗的砾石（80~150毫米）通常能保证快速过滤，并可防止塘区的形成以及藻类的生长。在潜流型湿地系统中，出水系统包括地下或收水井渠中的多头导管、溢流堰或者溢流井等，有些工程可以采用简易的闸板结构。

对于垂直流湿地而言，湿地出水穿孔管处于湿地床底部，在施工时很容易被碎石和石屑堵塞，因此，在建造过程中需要仔细对砾石进行冲洗、分级和压实，穿孔管周围选用粒径较大的砾石，其粒径应大于孔径，同时必须提供干净的竖管。

并联运行的系统需要设置水流分配器，比较典型的有管道、配水槽或者在同一水平高度有相同尺寸平行孔的溢流装置。溢流装置相对投资较少，且容易更换或改造，在进水悬浮固体浓度较高时，采用流水槽的配水形式能够防止堵塞，但比溢流装置的建造费高。图49是人工湿地集中进、排水方式的示意。

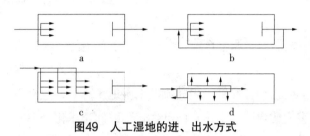

图49　人工湿地的进、出水方式

a. 推流式　b. 回流式　c. 阶梯进水式　d. 综合式

3. 人工湿地植物的选择与配置

植物在人工湿地中起着非常重要的作用，不但可以直接摄取和利用污水中的营养物质、吸收富集污水中的重金属等有毒有害物质，而且还能输送氧气到根区，满足根区微生物生长、繁殖和降解过程中对氧的需求。选择和搭配适宜的湿地植物，是构建人工湿地的重要环节。

1）人工湿地系统植物的选用原则

① 具有良好的生态适应能力和生态营建功能。一般应选用当地或本地区天然湿地中存在的植物。② 具有很强的生命力和旺盛的生长势，具有抗冻、抗热、抗病虫害，对周围环境的适应能力强等。③ 具有较强的耐污染能力。④ 年生长期长，最好是冬季半枯萎或常绿植物。⑤ 具有生态安全性，具有一定的经济效益、文化价值、景观效益和综合利用价值。

2）人工湿地植物的特性及配置

（1）根据植物种类　A. 漂浮植物：主要有水葫芦、大藻、水芹菜、李氏禾、浮萍、空心菜、豆瓣菜等。B. 根茎、球茎及种子植物：主要有睡莲、荷花、马蹄莲、慈姑、荸荠、芋、泽泻、菱角、薏米、芡实等。C. 挺水草本植物：主要有芦苇、茭草、香蒲、旱伞竹、皇竹草、蔗草、水葱、水莎草、纸莎草等。D. 沉水植物。E. 其他类型的植物：主要是指水生景观植物之类的植物。

（2）根据植物原生环境 原生于实土环境的一些植物，如美人蕉、芦苇、灯心草、旱伞竹、皇竹草、芦竹、薏米等，其根系生长有一定的向土性，配置于表面流人工湿地系统中，生长会更旺盛。但由于它们的根系大都垂直向下生长，因此，净化处理的效果不及应用于潜流式人工湿地中；对于一些原生于沼泽、腐殖层、草炭湿地、湖泊水面的植物，如水葱、野茭、山姜、蔗草、香蒲、菖蒲等，由于其生长已经适应了无土环境，因此，更适宜配置于潜流式人工湿地；而对于一些块根块茎类的水生植物，如荷花、睡莲、慈姑、芋头等则只能配置于表面流人工湿地中。

（3）根据植物对养分的需求 由于潜流式人工湿地系统填料之间的空隙大，植物根系与水体养分接触的面积较表面流人工湿地要广，因此，对于营养生长旺盛、植株生长迅速、植株生物量大、1年有数个萌发高峰的植物，如香蒲、水葱、苔草、水莎草等适宜栽种于潜流式人工湿地；而对于营养生长与生殖生长并存，生长相对缓慢，1年只有1个萌发高峰期的植物，如芦苇、茭草、薏米等则配置于表面流人工湿地系统。

（4）根据植物对污水的适应能力 不同植物对污水的适应能力不同。一般高浓度污水主要集中在湿地工艺的前端部分。因此，在人工湿地建设时，前端工艺部分，如强氧化塘、潜流式人工湿地等工艺一般选择耐污染能力强的植物品种。末端工艺部分，如稳定塘、景观塘等处理段中，由于污水浓度降低，因此，可以更多考虑植物的景观效果。

湿地植物的栽种配置要根据具体的应用环境和系统工艺来确定，对于一些应用工艺范围较广的植物类型，要充分考虑其在该工艺中的优势，能使其充分发挥自己的长处而居于主导地位。为达到全面的处理和利用效果，应进行有机搭配，如深根系植物与浅根系植物搭配，丛生型植物与散生型植物搭配，吸收氮多的植物与吸收磷多的植物搭配以及常绿植物与季节性植物的季相搭配等。在进行综合处理的一些工艺或工艺段中，切忌配置单一品种，以避免出现季节性的功能下降或功能单一。作为湿地公园规划建设的人工湿地还要考虑景观搭配。

（六）人工湿地运行方式

人工湿地的运行可根据处理规模的大小进行多种不同方式的组合，一般有单一式、并联式、串联式和综合式等（图50）。此外，人工湿地还可与氧化塘等系统串联组合。

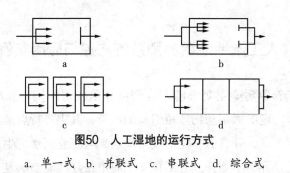

图50　人工湿地的运行方式

a. 单一式　b. 并联式　c. 串联式　d. 综合式

（七）人工湿地搭配技术

为了获得更好的水处理效果，尤其是氮、磷的去除效果，不同类型的人工湿地可能被组合起来运行。

图51是2种典型的复合人工湿地系统组成，包括垂直流湿地和水平流湿地。

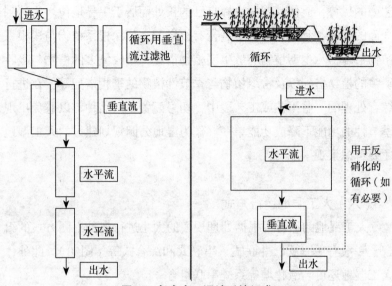

图51　复合人工湿地系统组成

三、人工湿地池塘养殖系统构建与应用实例

水产养殖污染主要来源于高密度养殖残留的饲料、肥料等物质，并有一定的渔用药物残留引起的污染，其主要特点是氮、磷等营养元素丰富，并含有一定的残留渔药，与工业废水、生活废水等有一定的差异。下面详细介绍位于上海市松江区浦南的复合人工湿地池塘养殖系统的构建及运行情况。

（一）系统工艺

人工湿地池塘循环水养殖系统由沟渠湿地、表面流湿地、潜流湿地和养殖池塘组成。养殖池塘由过水设施串联沟通，末端池塘排放水通过水位控制管溢流到沟渠湿地，在沟渠湿地初步净化处理后通过水泵将水提升到表流湿地，在表流湿地内进一步沉淀与净化后，自流到潜流湿地，潜流湿地出水经过复氧池后自流到1号养殖池塘，形成循环水养殖系统（图52）。

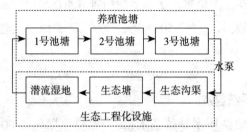

图52 复合人工湿地池塘循环水养殖系统工艺流程

（二）设计方法

1）潜流湿地

潜流湿地容积计算公式为：

$$V = Qav\, t\, /\varepsilon \tag{6}$$

式中：Qav——平均流量（米³/天）；

t——水力停留时间（天）；

V——湿地容积（米³）；

ε——湿地孔隙率（无量纲）。

根据水产养殖排放水情况，确定t为0.4天；ε为0.50（粒径50毫米的砾石）；Qav为1 500米³/天。则V=1 200米³，潜流湿地深度为0.8米，建设面积应为1 500米²。

2）沟渠湿地与表流湿地面积

参照《污水稳定塘设计规范》（CJJ/T54）：

$$A = QSOt/NA \tag{7}$$

式中：Q——污水流量（米³/天）；

SO——进水5日生化需氧量（克/米³）；

t 同式（6）（天）；

NA——面积负荷（克·米$^{-2}$·天$^{-1}$）。

根据长期监测结果，淡水鱼池塘排放水的SO为40毫克/升，NA为40克/（米²·天），Q为1 500米³/天，t为1.5天，则表流湿地面积（A）为2 750米²。

（三）系统结构

湿地池塘循环水养殖系统由3个养殖池塘（15 000米²），1 500米²潜流湿地、2 500米²表流湿地和500米²沟渠湿地组成。池塘呈排列布局，进、排水渠道在池塘两侧，表流湿地和潜流湿地区在池塘的一端，沟渠湿地的进水端与外河水源相接，可以提取外河水作为补充水，同时外河水源在进入池塘前也得到处理（图53）。湿地池塘循环水养殖系统设计参数见表18。

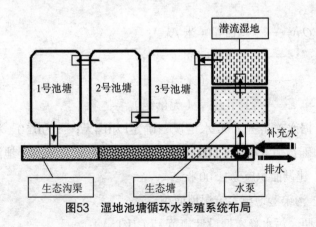

图53　湿地池塘循环水养殖系统布局

池塘养殖品种主要是草鱼和团头鲂，另外，搭配养殖鲢、鳙、鲫等，养殖周期内的载鱼负荷量为0.20~0.82千克/米³；湿地植物主要有大薸、雍菜、水花生、茭白、鸢尾、美人蕉、再力花、芦苇等。

表18　湿地养殖系统设计参数

内容	参数
湿地养殖系统	沟渠湿地、表流湿地、潜流湿地、养殖池塘
潜流湿地面积/米²	1 500
表面流塘面积/米²	2 500
沟渠湿地面积/米²	500
池塘面积/米²	15 000
水交换量/（米²·天⁻¹）	1 500
池塘水交换率/%	10
池塘载鱼密度/（千克·米⁻³）	0.20~0.82
补充水量	>10%

（四）沟渠湿地

沟渠湿地利用养殖池塘的排水渠构建，长200米，用水泥预制板护坡，为倒梯形结构，上口宽2.5米，下口宽1.5米，深2.0米。用围网将沟渠分为3个部分，池塘出水口端为50米的漂浮植物区，中间为100米的生物网箱区，进水口段为50米的漂浮植物区。漂浮植物区主要放置水浮莲、水葫芦等水生植物，水体内还放置了贝类、滤食性和杂食性鱼类等。

生物浮床用直径50~100毫米UPVC管和网目1厘米的聚乙烯网片制作。在该区段，生物浮床面积占水面20%~30%。生物浮床在生态渠道内有2种布置方式，一是每间隔3~5米放置1个生物浮床，并在浮床的四角系上绳子固定在岸上；另一种方式是把各个浮床串联起来成排放置。浮床上面种植蕹菜、生菜、水芹等水生植物。沟渠湿地内放养河蚌、螺蛳、杂食性鱼类等，生物量为3～5千克/米³。

（五）表流湿地

利用池塘改造而成，面积2 500米²（宽40米，长62.5米）。沿长度方向分别为30米的植物种植区和22米的深水区（图54）。植物种植区水深0.5米，种植茭白、莲藕等水生植物。深水区水深2米，放置生物网箱，网箱内放置滤食性鱼类、贝类等，表流湿地水体内放养鲢、鳙等滤食性鱼类和鲫等杂食性鱼类，放养密度为0.05千克/米²。表流湿地四周为3米宽的挺水植物种植区，水深0.5米，种植水葱、再力花、菖蒲、芦苇等。

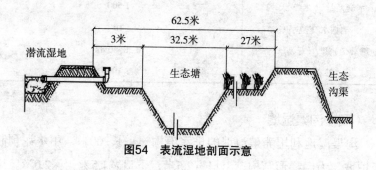

图54　表流湿地剖面示意

（六）潜流湿地

潜流湿地面积1 500米²（宽40米，长37.5米）。湿地基质采用3级碎石级配，基质厚度为70厘米，底部铺设0.5毫米的HDPE塑胶布做防渗处理。潜流湿地进、出水区为宽度1.5米，粒径为50～80毫米的碎石过滤区。水处理区长34.5米。基质分为3层：底层为30厘米厚，粒径为50～80毫米的碎石层；中间为30厘米厚，粒径为20～50毫米的碎石层；上层为10厘米厚，粒径为10～20毫米的碎石（图

55）。潜流湿地的设计参数见表19。

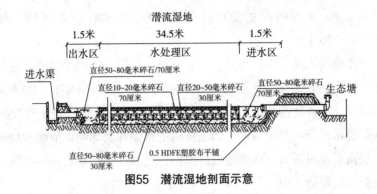

图55 潜流湿地剖面示意

湿地植物选用美人蕉、鸢尾、菖蒲等根系发达、生物量大、多年生的水生植物。

表19 潜流湿地设计参数

参数	内容	范围	备注
水力停留时间	$t = V\varepsilon/Q_{av}$	0.5 ~ 4.0天	t为水力停留时间（天）；V为湿地容积（米³）；ε为湿地孔隙率（无量纲）；Q_{av}为平均流量（米³/天）
水力坡度	$i = dh/dl$	0.5% ~ 2.0%	i为水力坡度（无量纲）；h为湿地平均水深（米）；l为湿地平均长度（米）
孔隙率	ε	0.30 ~ 1.0	
表面负荷率	$ALR = (Q)(C_0)/As$	生化需氧量为80~120千克/（公顷·天）	As为湿地处理面积（米²）；Q为湿地进水流量（米³）；C_0为进水污染物浓度（千克/米³）；ALR为表面负荷率[千克/（公顷·天）]
系统深度	h	40 ~ 80米	
长度	$L = (As)/(W)$	20 ~ 40米	L为湿地长度（米）；W为湿地宽度（米）
长宽比	L/W	（1~3）：1	

（七）池塘过水设施

循环水养殖系统的养殖池塘共3个，在池塘间对角部位建设过水设施，单个池塘面积为5 000米²（长100米，宽50米），水深2米，池塘坡比2.5∶1。

池塘过水设施由过水井、过水管路、插管、格网等组成。过水井为水泥砖砌结构，深度与池塘深度相同，面积为0.6米²（1.0米×0.6米）。水井底部安装2条直径200UPVC管过水管线，进水端安装穿孔溢水插管和防鱼格网，当系统内的水循环流动时，前面池塘的上层富氧水可进入到后面池塘的底部，实现水层交换和改善池塘的底部养殖环境（图56）。

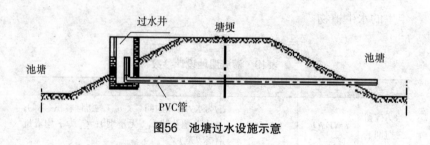

图56　池塘过水设施示意

（八）水处理效果

1. 潜流湿地

表20是潜流湿地对总氮、总磷和化学需氧量等营养盐的净化情况。运行表明，潜流湿地进、出水体的总氮、总磷和化学需氧量指标有明显差异（$p < 0.05$），表明潜流湿地对养殖水体中的氮、磷营养盐有明显的去处效果，分析发现潜流湿地对养殖水体中的总氮、总磷和化学需氧量的去除率分别在52%～59%、39%～69%和17%～35%。

表20　潜流湿地水质净化效果

时间	水样	总氮质量浓度/（毫克·升⁻¹）和去除率	总磷质量浓度/（毫克·升⁻¹）和去除率	化学需氧量（$K_2M_nO_4$）
6月	进水	1.34 ± 0.15	0.28 ± 0.07	6.10 ± 1.70
	出水	0.64 ± 0.05	0.18 ± 0.04	5.00 ± 1.56
	去除率/%	52	35	18
7月	进水	1.22 ± 0.18	0.43 ± 0.08	7.56 ± 1.29
	出水	0.56 ± 0.04	0.26 ± 0.02	6.27 ± 1.05
	去除率/%	54	39	17
8月	进水	1.39 ± 0.18	0.44 ± 0.07	4.92 ± 0.96
	出水	0.57 ± 0.02	0.16 ± 0.01	3.20 ± 0.87
	去除率/%	59	64	35
9月	进水	1.72 ± 0.32	0.42 ± 0.08	6.50 ± 1.80
	出水	0.65 ± 0.06	0.14 ± 0.02	3.77 ± 1.02
	去除率/%	62	67	42

注：实验结果为平均值±标准差。

　　从表中发现，随着养殖时间的延长，潜流湿地对总氮、总磷和化学需氧量的去除效率越来越高，说明随着水生植物的生长和湿地生态效率的提高，其净化效率会逐步提高。

　　2. 沟渠湿地

　　运行表明，沟渠湿地的植物生物量平均变化范围为2.0～35.0千克/米²。水质分析发现，沟渠湿地进、出水的氨氮、亚硝态氮、硝态氮、总氮、总磷、化学需氧量等水质指标存在着显著差异（$P < 0.05$），表明沟渠湿地对养殖排放水有明显的净化作用。数据分析显示，沟渠湿地对养殖水体中的氨氮、亚硝态氮、硝态氮、总氮、总磷和化学需氧量的去除率达到49.49%、62.50%、–28.75%、18.35%、17.39%和18.18%。出水的硝态氮明显高于进水，说明沟

渠湿地的氧化作用使更多的亚硝态氮转化为硝态氮。

3. 表流湿地

与沟渠湿地一致，养殖运行期间对表面流湿地的进、出水的氨氮、亚硝态氮、总氮、总磷、化学需氧量等水质指标等水质指标进行了检测分析，检测数据发现表面流湿地进、出水的水质指标有明显差异（$p < 0.05$），表面流湿地对养殖水体中的氨氮、亚硝态氮、硝态氮、总氮、总磷和化学需氧量的去除率分别为24.00%、50.00%、17.48%、24.72%、26.32%和5.86%（表21）。

表21　沟渠湿地和表流湿地净化效果比较

		氨氮	亚硝氮	硝态氮	总氮	总磷	化学需氧量
生态沟渠	进水	$0.99^a \pm 0.25$	$0.16^a \pm 0.06$	$0.80^a \pm 0.29$	$2.18^a \pm 0.99$	$0.46^a \pm 0.13$	$7.92^a \pm 2.36$
	出水	$0.50^b \pm 0.25$	$0.06^b \pm 0.04$	$1.03^b \pm 0.43$	$1.78^b \pm 1.32$	$0.38^b \pm 0.07$	$6.48^b \pm 2.33$
	去除率/%	49.49	62.50	−28.75	18.35	17.39	18.18
表流湿地	进水	$0.50^b \pm 0.25$	$0.06^b \pm 0.04$	$1.03^b \pm 0.43$	$1.78^b \pm 1.32$	$0.38^b \pm 0.07$	$6.48^b \pm 2.33$
	出水	$0.38^c \pm 0.10$	$0.03^c \pm 0.03$	$0.85^c \pm 0.33$	$1.34^c \pm 0.35$	$0.28^c \pm 0.07$	$6.10^c \pm 1.70$
	去除率/%	24.00	50.00	17.48	24.72	26.32	5.86

注：上标字母表示各组差异显著。

（九）湿地循环水养殖系统水质变化

图57是循环水养殖系统内总氮、总磷、化学需氧量（图57，a）和3种形态的氮（图57，b）的变化情况，从图57中看出，沿着水流方向，养殖池塘水体中的3种形态的氮、总氮、总磷、化学需氧量等水质指标有明显趋高现象，在经过湿地设施后这些水质指标出现了明显下降。说明沿着水流方向，养殖池塘水体中的营养盐浓度逐步积累，在经过湿地设施后水体中的营养盐得到了有效地净化吸收，从而维持了池塘水体中营养盐的平衡，节约了养殖用水，减少了排放水对外界的污染。

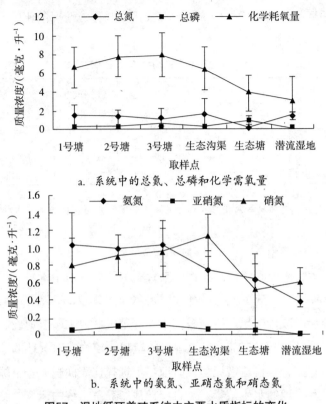

a. 系统中的总氮、总磷和化学需氧量

b. 系统中的氨氮、亚硝态氮和硝态氮

图57 湿地循环养殖系统中主要水质指标的变化

养殖试验期间池塘养殖水体中的氨氮、亚硝态氮、硝态氮、总氮、总磷、化学需氧量等水质指标分别低于1.89毫克/升、0.20毫克/升、1.50毫克/升、3.27毫克/升、0.59毫克/升、9.0毫克/升，均低于对照池塘和《无公害食品 淡水养殖用水水质》（NY5051—2001）标准。

（十）节水与减排分析

传统池塘养殖一般每年换水3～5次，而湿地循环水养殖系统每年的最大排放量不超过2次，且排放水为表流湿地净化水。表22是湿地循环水养殖模式与传统养殖模式用水与排放情况的比较。

表22　不同养殖方式用水与污染排放比较

内容	补充水/(米³·千克⁻¹)		总氮排放/（克·米⁻³）	总磷排放/（克·米⁻³）	化学需氧量排放/（克·米⁻³）
	蒸发补充	排水量			
传统池塘养殖	0.18	4.0～6.7	16.8～28.1	6.4～10.8	49.2～82.4
湿地池塘养殖	0.18	1.3～2.6	1.7～3.5	0.4～0.7	7.9～15.9
平均减少率/%		63.6	88.4	93.6	81.9

注：总氮排放（单位产量的总氮排放量）=排放水体中的总氮含量×单位产品排水量；总磷排放与化学需氧量的排放计算方法同总氮排放。

（十一）结论

与传统池塘养殖模式相比，复合湿地池塘养殖系统可减少养殖用水60%以上，减少氮、磷和化学需氧量的排放80%以上，具有良好的节能、减排效果，符合我国水产养殖发展要求。湿地设施一般不超过系统面积的20%。潜流湿地的填料、植物等对湿地的净化效果影响较大，在构建潜流湿地时应尽量选择比表面积大、空隙率高的填料和当地的水生植物。复合湿地池塘养殖系统的运行要结合池塘养殖要求和湿地设施的净化特点，池塘养殖水体中的营养盐可通过控制水流量和运行时间进行调控。

技术依托单位：中国水产科学研究院渔业机械仪器研究所。

地址：上海市赤峰路63号，邮编：200092，邮编：200092，联系人：刘兴国，联系电话：021-55128360。

（中国水产科学研究院渔业机械仪器研究所　刘兴国）

池塘生物膜低碳养殖技术

一、技术概述

（一）定义

池塘生物膜低碳养殖技术是基于池塘生物膜原位生物修复技术，针对养殖池塘水环境特点，应用水产养殖专用生物膜净水栅（专利授权公告号CN201976607U）作为池塘养殖高效生物膜载体，通过形成大量生物膜及生物絮团，开展高效、生态与安全的水质改良，循环利用水中污染物营养盐（氮和磷），进行环境修复，实现节水、减排、节能、低碳、增产与增收的池塘健康养殖新技术。

（二）背景

1. 养殖现状

近些年来，我国水资源日益紧缺及水环境污染等制约着池塘养殖业的可持续发展，另一方面，我国池塘养殖基本沿用传统的池塘精养殖模式，以高密度养殖和大量投饵为基础，由此产生的残饵、粪便、氮、磷等富营养盐排入水体，使养殖水体中氨氮、亚硝酸盐、化学需氧量（COD）、生化需氧量（BOD）等严重超标，造成了自身的养殖污染，出现高氨氮、高化学需氧量、低溶氧量等水质不良综合征及有害有毒藻类水华的暴发等问题，导致养殖动物如鱼、虾等容易产生应激、易受致病菌及寄生虫侵害发病、生长不良、饲料利用率下降，最终致使养殖产量及效益下降。同时，为解决池塘养殖水质恶化和病害频发问题，养殖业者基本采用大量换水的办法，然而，池塘养殖污水基本未经水处理直接排放，又造成一定的面源污染，加重了周边水域及近岸海域的富营养化，养殖中过量使用抗生素还导致了耐药性病原菌的出现。因此，为确保池塘养殖效益及实现可持续发展，降低池塘养殖面源污染，很有必要发展资源节约型、环境友好型的池塘健康养殖技术，实现池塘养殖节水减排与增产增收。

2. 解决难题

池塘生物膜低碳养殖技术，通过将一定密度的生物膜净水栅设置于养殖池塘水体，形成大量生物膜，生物膜内聚集的大量细菌、藻类及原生动物等对养殖过程中产生的污染物，如氨氮、亚硝酸盐等进行转化与降解，改善水质；通过形成大量的生物絮团，把水中的氮和磷进行了再次利用，实现了水中污染物营养盐的二次利用，节约了饲料；大量生物膜及生物絮团聚集了大量细菌、藻类及原生动物等，使池塘水体具有丰富的微生物多样性，形成了相对稳定和抗逆性较强的微生态系统，使池塘内存在的少数病原菌与寄生虫等处于受竞争遏制的不利生境中，同时有助于遏制池塘中蓝藻等有毒藻类水华的暴发；水质改善后可以大幅度减少换水量，既可以节约用于抽水的电量，又可以降低池塘养殖污水的排放，也避免了传统养殖模式中大量使用外源水而可能带入池塘的病原菌与寄生虫等不安全因子。此外，该技术较其他池塘水环境修复方法（如物理修复法和化学修复法等）还具有成本低、无二次污染、生态修复效果好以及适用范围广等特点。

（三）技术优势

该技术通过发明池塘养殖高效生物膜载体——生物膜净水栅，直接悬挂于鱼、虾养殖池塘水体中，可形成大量生物膜，投入与运行成本低，操作简便；应用研发的生物膜快速挂膜形成、成熟与更新的配套技术，在水体中可迅速构建稳定成熟的生物膜，并在养殖过程中确保生物膜不断更新与持续发挥作用，通过生物膜上大量微生物的降解、吸收同化与转化池塘水中危害鱼、虾生长的有害污染物（如氨氮、亚硝酸盐等），从而确保水质良好，同时也使生物膜上的微生物种群得到较好生长；利用池塘中增氧机开机形成的微水流使池塘水体中的有机碎屑、悬浮有机物质、颗粒有机物与生物膜上聚集生长的细菌、藻类及原生动物等共同形成生物絮团。生物絮团可以被养殖鱼、虾所摄食，从而实现了对池塘养殖水体中氮和磷等废弃营养物质的循环再利用及饲料蛋白的二次利用；通过池塘大面积生物膜的形成及多元生态位的形成，增加了微生物多样性，有利于遏制病原微生物及蓝藻水华暴发，促进良好藻相的形成与稳定，减少鱼、虾病害的发生，提高养殖成活率，促进鱼、虾良好生长，提高产量。该技术通过对池塘水环境的生物修复，实现了节水、减排、节能、低碳、增产与增收。

（四）技术成熟、应用广泛

池塘生物膜低碳养殖技术从研发到推广已历时8年，从日本鳗鲡（*Anguilla japonica*）精养水体试验研究到日本鳗鲡土池池塘的示范应用，到凡纳滨对虾（*Litopenaeus vannamei*）在淡水、咸淡水以及海水池塘养殖中的示范应用获得增产23%～60%，节约饲料13%～27%，节水减排约70%的良好效果。该技术不仅能显著减少水体中的氨氮和亚硝态氮，改善养殖水体水质，还能大幅度减少换水量，降低饲料系数等，增产增收显著。该技术已在福建、广东、广西、海南、浙江、江苏、四川、内蒙古、辽宁、天津、上海及重庆12个省（自治区、直辖市）池塘养殖主产区养殖的凡纳滨对虾、鳗鲡、罗非鱼、鲤、泥鳅及黄鳝等品种得到示范应用，也在草鱼大规格鱼种培育中得到示范应用，示范养殖面积约2万亩，取得了良好经济效益、社会效益与生态效益。中央电视台军事、农业频道（CCTV7）《科技苑》栏目于2012年播出了该技术专题片《给鱼池装栅栏干什么》（30分钟）。"池塘生物膜低碳养殖技术"于2013年入选农业部全国水产技术推广总站"全国水产养殖节能减排技术推荐目录"。

二、技术要点

（一）生物膜净水栅的设置

1. 设置密度

每组生物膜净水栅的标准长度为20米，高度为0.7米（彩图11）。生物膜净水栅在池塘中的设置密度随池塘养殖预期产量的高低而变化，一般每亩池塘水面设置3组（亩产量≤1.5吨）、6组（1.5吨＜亩产量≤3吨）、9组（3吨＜亩产量≤4.5吨）、12组（4.5吨＜亩产量≤6吨）。

2. 设置位置

根据池塘的长、宽尺寸，可任意选择一个设置方向，根据池塘两岸的距离将生物膜净水栅进行连接或裁剪以便于整条安装设置。2条生物膜净水栅之间间隔2～3米（图58）。生物膜净水栅上纲绳设置于水面下20～30厘米处，生物膜净水栅下纲绳一般离池塘底部约20厘米以上（图59）。

3. 浮力配置

为确保生物膜大量形成后生物膜净水栅不会沉入池塘底部，连接好后的整条生物膜净水栅按每间隔约6米在其上纲绳系上1个泡沫浮球（或

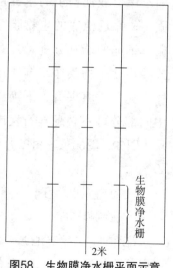

图58 生物膜净水栅平面示意

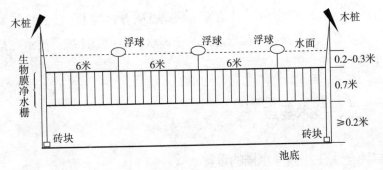

图59 生物膜净水栅剖面示意

其他浮性材料），浮球与上纲绳之间的联系绳子垂直长度应留有
20～30厘米，以确保入水后的生物膜净水栅处于池塘水面下20～30
厘米（图59）。

4. 安装

把已安装泡沫浮球的整条生物膜净水栅牵拉向池塘两岸，将靠
近水面的生物膜净水栅上纲绳两端分别通过其他绳索与设置于池塘
两端岸上或池壁上的木桩系紧
固定，靠近池底的生物膜净水
栅下纲绳两端则分别悬挂石块
或砖块使生物膜净水栅能在水
体中充分垂直展开，下纲绳的
中间部分可不必悬挂石块或砖
块（图59，图60，彩图12）。

图60 安装生物膜净水栅

（二）生物膜管理

1. 生物膜形成

养殖期间，精养池塘必须配备增氧机并确保池塘养殖水体维持
一定的溶氧量（不低于4毫克/升）。生物膜净水栅安装好入水后，

于晴天09：00左右，按每天每组生物膜净水栅（20米长）1千克红糖的量，用水溶解后泼洒于生物膜净水栅水面，可连续泼洒约5天，以促进生物膜的形成；或泼洒该技术课题组研发的微生物配方培养液，以促进生物膜的快速形成。生物膜净水栅上生物膜的形成情况如彩图13所示。

2. 生物膜维护

养殖过程中，视情况一般每15～20天可选择晴天时按每天每组生物膜净水栅1千克红糖的量，连续泼洒3～5天，以更新及维持生物膜活力；或定期泼洒该技术课题组研发的微生物配方培养液，以促进生物膜的成熟、稳定及更新，确保高效维持生物膜活力。同时利用池塘中增氧机开机形成的微水流，可使池塘水体中的有机碎屑、悬浮有机物质、颗粒有机物与生物膜上聚集生长的细菌、藻类及原生动物等共同形成生物絮团，而生物絮团可以被养殖鱼、虾所摄食，从而实现对水中氮和磷的再利用，实现饲料蛋白质的二次利用，提高饲料利用率。生物膜上生物絮团形成情况如图61所示。

图61　对虾养殖池塘中的生物膜及生物絮团

3. 生物膜保存

养殖期间，如需要拉网式捕捞，可将生物膜净水栅上纲绳的一

端绳索从木桩上解开，把相应下
纲绳末端悬挂的石块或砖块也解
开，然后牵拉向池塘对岸将生物
膜净水栅离水堆在池塘岸上，待
捕捞作业结束后，再牵拉回去恢
复原状。生产结束后，可把生物
膜净水栅离水堆在池塘岸上或堆
放于积水沟水中，用遮阳网盖上

图62　生物膜净水栅堆放保存

避免日晒（图62）。待下一个生产周期开始时，再安装使用。

三、增产增效情况

　　该技术主要应用于池塘鳗鲡及对虾的养殖，与传统养殖模式
相比，平均亩增产23%~60%，节约饲料13%~27%，节水减排约
70%，节约渔药成本投入70%左右，病虫害显著减少，鱼类品质有
一定程度改善，综合生产效益可提高40%~100%。

（一）推广情况

　　该技术已在福建、广东、广西、海南、浙江、江苏、四川、内
蒙古、辽宁、天津、上海及重庆12个省（自治区、直辖市）池塘养
殖主产区的南美白对虾、鳗鲡、罗非鱼、鲤、泥鳅、黄鳝等品种上
得到示范应用（图63~图65，彩图14），也有应用于池塘草鱼大规
格鱼种的培育，示范养殖面积约2万亩。实现总产值14.4亿元，利
润约6.8亿元，应用该技术增收节支（净增效益）约3.13亿元，同时
大幅度降低了池塘养殖的面源污染，取得了良好的经济效益、社会
效益与生态效益。中央电视台军事、农业频道《科技苑》栏目于
2012年播出了该技术的专题片（图66）。"池塘生物膜低碳养殖技

图63　生物膜净水栅在冬棚土池对虾养殖中的应用

图64　生物膜净水栅在土池鳗鲡养殖中的应用

图65　生物膜净水栅在池塘罗非鱼养殖中的应用

图66　中央电视台7套播出的生物膜技术专题片

术"于2013年入选农业部全国水产技术推广总站"全国水产养殖节能减排技术推荐目录"，上升为全国主推技术后，预计全国推广面积可达到20万亩以上。

（二）亩养殖效益提高情况

在福建省海洋与渔业厅的支持下，于2011年开展了"池塘生物膜低碳养殖技术"在土池日本鳗鲡养成中的示范应用，示范面积1 020亩，经专家组对12口池塘现场验收，与传统养殖模式池塘（未应用该技术的养殖池塘）比较，平均每亩池塘养殖鳗鲡节水7 547米^3、减排养殖污水7 547米^3，节电566千瓦时，降低饲料系数14.2%，鳗鲡产量提高约38%，平均每亩池塘养殖鳗鲡增加收入约5.16万元，示范区总体平均节水减排75%～82%。于2012年开展了"池塘生物膜低碳养殖技术"在凡纳滨对虾池塘养殖中的示范应用，示范面积208亩，经福建省海洋与渔业厅组织专家组对8口池塘验收，与传统养殖模式池塘（未应用该技术的养殖池塘）比较，池塘养殖凡纳滨对虾饲料系数降低13.7%，对虾养殖成活率、虾产量、鱼虾混养产量分别提高24.8%、45.5%和36.6%，平均每亩池塘每年养殖2茬虾，可增加收入7 276元。

（三）环境效益分析

池塘生物膜低碳养殖技术的应用可大幅度降低池塘养殖面源污染，大幅度减少池塘养殖对周边水域的富营养化污染。经福建省海洋与渔业厅组织专家组验收，该技术应用于鳗鲡养殖平均节水减排75%～82%；应用于凡纳滨对虾池塘养殖，池塘排放水的无机氮和无机磷的浓度分别降低了68.5%和83.2%。

（四）池塘水质改良分析

池塘生物膜低碳养殖技术应用于鳗鲡养殖，通过对比试验期间的水质跟踪监测结果分析（表23），试验期间，虽然应用该技术的处理组池塘比未应用该技术的对照组池塘少换水约78%，但处理组池塘的氨氮、亚硝态氮、高锰酸盐指数、溶解性正磷酸盐浓度和浊度分别极显著低于对照组池塘31.7%、49.7%、29.6%、24.2%和26.2%（$P<0.01$）；处理组池塘的溶解氧浓度、透明度与pH分别高于对照组池塘的7.4%、11.6%和0.4%（$P<0.01$）；处理组池塘藻类密度的变化幅度极显著低于对照组池塘58.8%（$P<0.01$），蓝藻相对密度极显著低于对照组池塘52.6%（$P<0.01$）。表明池塘生物膜低碳养殖技术应用池塘在大幅度减少换水量的同时，仍然具有显著

的水质改良效果。

　　池塘生物膜低碳养殖技术应用于凡纳滨对虾养殖，通过对比试验期间的水质跟踪监测结果分析（表24），试验期间，处理组池塘的pH、总氨氮、亚硝态氮、无机氮和无机磷浓度分别显著低于对照组池塘7.5%、78.8%、76.2%、53.2%和66.1%（$P<0.05$），处理组池塘的溶解氧浓度比对照组极显著提高13.5%（$P<0.01$）。处理组的平均弧菌数极显著低于对照组66%（$P<0.01$）（图67），处理组

表23　日本鳗鲡对比试验期间对照组与处理组池塘水质因子比较

水质指标	对照组	处理组	增减幅度/%
水温/℃	28.3 ± 2.8	28.3 ± 2.8	—
透明度/厘米	18.9 ± 1.4	21.1 ± 1.9	11.6
浊度NTU	38.9 ± 15.0	28.7 ± 11.0	−26.2
pH	6.86 ± 0.02	6.89 ± 0.04	0.4
溶氧量/（毫克·升$^{-1}$）	4.58 ± 0.32	4.92 ± 0.22	7.4
总氨氮/（毫克·升$^{-1}$）	0.928 ± 0.220	0.634 ± 0.200	−31.7
亚硝态氮/（毫克·升$^{-1}$）	0.077 8 ± 0.060 0	0.039 1 ± 0.025 0	−49.7
硝态氮/（毫克·升$^{-1}$）	2.706 ± 2.100	3.074 ± 2.700	—
化学需氧量/（毫克·升$^{-1}$）	11.62 ± 1.90	8.18 ± 1.00	−29.6
溶解性正磷酸盐/（毫克·升$^{-1}$）	1.515 ± 0.500	1.149 ± 0.350	−24.2

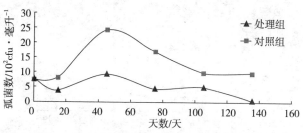

图67　试验期间对照组和处理组之间的弧菌数

的平均藻类密度、蓝藻相对密度分别显著低于对照组64.7%、70%（*P*<0.05）（图68），处理组的平均细菌总数、异养菌数、硅藻相对密度、藻类生物多样性指数分别极显著高于对照组206%、237%、173%、25.6%（图69）。表明池塘生物膜低碳养殖技术应用池塘具有显著的水质改良效果。

表24　凡纳滨对虾对比试验期间对照组与处理组池塘水质因子比较

水质指标	对照组	处理组	增减幅度/%
水温/℃	25.9 ± 2.2	25.7 ± 2.2	—
盐度	2.1 ± 0.5	2.3 ± 0.4	—
pH	9.01 ± 0.18	8.33 ± 0.07	7.5
溶氧量/（毫克·升$^{-1}$）	8.21 ± 1.30	9.32 ± 1.30	13.5
总氨氮/（毫克·升$^{-1}$）	0.132 ± 0.090	0.028 ± 0.030	78.8
亚硝态氮/（毫克·升$^{-1}$）	0.382 ± 0.080	0.091 ± 0.030	76.2
硝态氮/（毫克·升$^{-1}$）	0.516 ± 0.720	0.363 ± 0.380	—
无机氮/（毫克·升$^{-1}$）	1.03 ± 0.72	0.482 ± 0.360	53.2
无机磷/（毫克·升$^{-1}$）	0.357 ± 0.290	0.121 ± 0.070	66.1
化学需氧量/（毫克·升$^{-1}$）	5.78 ± 0.71	5.15 ± 0.56	10.9
细菌总数/（10^6 cfu·毫升$^{-1}$）	2.52 ± 1.31	7.70 ± 5.00	206.0
异养菌数/（10^6 cfu·毫升$^{-1}$）	0.59 ± 0.29	1.99 ± 1.10	237.0
弧菌数/（10^2 cfu·毫升$^{-1}$）	13.9 ± 9.9	4.72 ± 5.90	66.0
藻类密度/（10^3·毫升$^{-1}$）	27.9 ± 26.0	9.86 ± 14.00	64.7
蓝藻相对密度/%	62.9 ± 9.1	18.9 ± 7.9	70.0
硅藻相对密度/%	18.8 ± 8.2	51.4 ± 18.1	173.0
藻类生物多样性指数	2.34 ± 0.53	2.94 ± 0.64	25.6

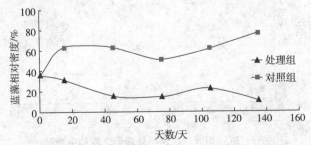

图68　试验期间对照组和处理组之间的蓝藻相对密度

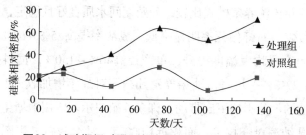

图69 试验期间对照组和处理组之间的硅藻相对密度

四、应用案例和注意事项

（一）应用案例

福建省龙海市紫泥锦江生态农业园位于龙海市紫泥镇南书村，开展养殖凡纳滨对虾池塘约100亩，最令其总经理姚荣辉烦忧的就是对虾养殖水质的调控问题了，池塘水质容易变坏，尤其是在水温高和台风发生的夏季。水质变坏严重的问题之一就是蓝藻水华暴发，常导致池塘里的对虾大量死亡。姚荣辉说，以往养殖户整治蓝藻一般使用泼洒生石灰或者人工捞的办法，后来发展到往水里洒微生态制剂，增加水里有益微生物的数量，希望这些微生物大量繁殖来消灭蓝藻。但泼洒的效果却不如想象中的好，结果对虾还没有长大，往水里扔的钱就花了不少。养虾的成本除了饲料成本，就属于调节水质及治理蓝藻花钱多，3亩大的虾塘，养殖每一茬虾使用的微生态制剂都得在1 000元出头，每年养3茬，花在这上面的钱有 3 500元左右。2011年初，池塘生物膜低碳养殖技术发明人——集美大学江兴龙教授举办池塘生物膜低碳养殖技术培训会，引起姚荣辉的极大兴趣，决定在自家的对虾养殖池塘开展试验，就这样在江兴龙教授的指导下，他开始了池塘生物膜低碳养殖凡纳滨对虾示范与应用试验，结果当年池塘凡纳滨对虾养殖就取得了极大成功。与往年传统养殖模式比较，养殖期间水质良好且稳定，蓝藻水华不再暴发，对虾偷死率明显降低，成活率提高25%～63%，每茬对虾养殖产量均大幅度提升，单产提高46%～150%，饲料系数降低15%～27%，平均每亩池塘养殖凡纳滨对虾年增加收入26 000多元。在他的示范影响下，带动了许多养殖户示范应用池塘生物膜低碳养殖凡纳滨对虾技术，面积近1 000亩，社会效益、生态效益、经济效益十分显著。该养殖场被中央电视台军事、农业频道《科技苑》栏目选定为"池塘生物膜低碳养殖技术"专题节目制作基地之一。

（二）注意事项

①养殖期间，精养殖池塘必须配备增氧机并确保池塘养殖水体维持一定的溶氧量（不低于4毫克/升）。

②确保生物膜大量形成后生物膜净水栅不会沉入池塘底部，生物膜净水栅在池塘水体中最好能维持垂直悬挂的状态。

③养殖期间，应尽量避免施用漂白粉、二氧化氯等强力杀菌药物，如要泼洒尽可能避开生物膜净水栅。

④生物膜净水栅上的生物膜具有一定的抗逆能力，但遇到人为或强烈的水质变化时，如从淡水到海水，或施用高浓度强力杀菌药物等，可引发生物膜脱落，但经一定时间后，新的生物膜还会再生形成。

⑤生物膜净水栅上生物膜大量形成后，并不需要施用微生物制剂，但若施用微生物制剂，也不会造成负面影响。

⑥养殖期间，养殖动物如鱼、虾等均喜爱栖息于生物膜净水栅水域，有些体弱发病的也喜藏匿于此，其中一些会自然死亡于生物膜净水栅上，属于正常现象。因此，池塘养殖管理人员应定期检查生物膜净水栅，发现养殖动物残体等应及时捞除（彩图15）。

适宜区域：全国所有精养池塘。

技术依托单位：集美大学水产学院。

地址：福建省厦门市集美区印斗路43号，邮编：361021，联系人：江兴龙，联系电话：0592-6180517，E-mail：xinlongjiang@jmu.edu.cn。

（集美大学水产学院　江兴龙）

微孔增氧技术

一、技术概述

（一）定义

微孔增氧技术就是池塘管道微孔增氧技术。它是通过罗茨鼓风机与微孔管组成的池底曝气增氧设施，直接把空气中的氧输送到水层底部，实现对池塘水体进行充气增氧，以满足池塘养殖动物对水体溶解氧需求的增氧方法。

（二）原理

微孔增氧技术采用底部充气增氧办法，造成水流的旋转和上下对流，将底部有害气体带出水面，加快对池底氨、氮、亚硝酸盐、硫化氢的氧化，抑制底部有害微生物的生长，改善了池塘的水质条件，减少了病害的发生。同时增氧区域范围广，溶解氧分布均匀，增加了底部溶氧量，保证了池塘水质的相对稳定，提高了饲料利用率，促进了鱼、虾的生长。

（三）技术优势

该技术具有节能、低噪、安全等优点。

1. 溶氧效率高

超微细孔曝气产生的气泡，与水充分接触，上浮流速低，接触时间长，氧的溶解效率高、效果好。

2. 活化水体

微孔管曝气增氧，犹如将水体变成亿条缓缓流动的河流，充足的溶解氧使水体能够建立起自然的生态系统，让死水变活。

3. 改善养殖环境

养殖水体从水面到水底，溶氧量逐步降低。池底又往往是好氧大户。变表面增氧为底层增氧，变点式增氧为全池增氧，变动态增氧为静态增氧，符合水产养殖的规律和需要。大大提高了养殖池塘的增氧效率，充足的氧气，可加速有机物的分解，改善底部养殖环境。有利于推进生态、健康、优质、安全养殖。

4. 使用成本低

微孔增氧技术使得氧的传质速率极高，微孔增氧方式耗能不到水车式或叶轮式增氧方式的1/4，可以大大节约电费成本。

5. 改善生态环境，有效提高养殖产量和效益

应用微孔增氧技术，可以消除池塘的温跃层、氧跃层、水密度跃层，有效补充池塘底部氧气，改善池塘水体生态环境，提高水体溶解氧含量，不但抑制水体有害物质的产生，而且有效减少养殖动物疾病的发生，有利于促进养殖动物的生长。微孔增氧技术可减少因机械噪声产生的养殖动物应激反应，降低曝气所需的电力消耗，提高单位面积水面的成活率、饲料的利用率及养殖密度，从而增加单位面积水面的水产品产量和效益。

6. 安全、环保

微孔管曝气增氧装置安装在岸上，操作方便，易于维护，安装性能好，不会给水体带来任何污染，特别适合虾、蟹养殖。

（四）技术成熟、应用广泛

微孔增氧与传统增氧机相比，可平均节省电费约30%，池塘养殖的鱼、虾、蟹等发病率平均降低约15%，鱼类平均亩产量提高约10%，虾类平均亩产量提高约15%，蟹类平均亩产量提高约20%，综合效益提高20%~60%，同时有利于提高养殖动物的成活率和生长速度。

二、技术要点

1. 设备及其安装

（1）主机 罗茨鼓风机，具有寿命长、送风压力高、送风稳定和运行可靠的特点。罗茨鼓风机国产规格有7.5千瓦、5.5千瓦、3.0千瓦、2.2千瓦4种；日本生产的规格一般有7.5千瓦、5.5千瓦、3.7千瓦、2.2千瓦等。

（2）主管道 采用镀锌管或PVC管。由于罗茨鼓风机输出的是高压气流，所以温度很高，多数养殖户采用镀锌管与PVC管交替使用，这样既保证了安全、又降低了成本。

（3）充气管道 主要有2种，分别是PVC管和微孔管（又称纳米管）。从实际应用情况看，PVC管和微孔管各有优、缺点，主要有以下几点：①纳米微孔增氧管，气泡小而均匀，气体与水体接触面积更大，曝气增氧效果好，PVC管径打孔后曝气均匀度较差。②PVC管材料组织容易。PVC管在各种管道材料店都有经销，饮用水级PVC管与微孔管配置成本相比，每亩减少300～400元（管子成本减少280元/亩，主机成本分摊后减少80元/亩）。由于2种材料的价格差异，从短期投资和使用方便等方面考虑，选择PVC管作为南美白对虾和常规鱼类生产性养殖的底充式增氧充气管更经济、实用，从长远的节本增效和实际增氧效果考虑，微孔增氧管应为首选（图70和图71）。

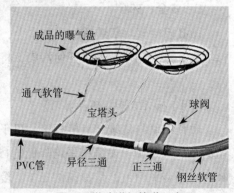

图70 微孔增氧管道示意

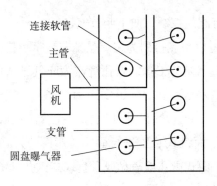

图71 微孔管安装示意

（4）设备管道安装 鼓风机安装 鼓风机出风口处安装分气装置或在近鼓风机的主管道上安装排气阀门。

管道安装要求如下。

① 鼓风机出气口处安装储气包或排气阀，充气可采用集中供气或分塘充气的方法，单塘或多塘并联的形式(图72和图73)。

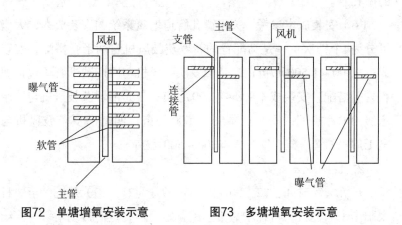

图72 单塘增氧安装示意　　图73 多塘增氧安装示意

② 主管道埋于泥土中，主管道采用镀锌钢管或塑料材料（PVC）管，主管道的直径为100毫米，充气管道直径为25毫米，主

管道与充气管有阀门控制，便于调节气量。

③ 充气管道以单侧排列为主或呈"非"字形排列（彩图16）。充气管采用微孔管或PVC管，微孔管作为充气管道的管道间距为6米。以PVC管作为充气管的管道间距为4~6米，气孔间距1米，孔径0.4~0.6毫米。PVC管铺设在池底，微孔管离池底10厘米，可自制螺旋盘状或平面盘式装置进行固定（彩图17，a）。室内工厂化池塘可以使用平面式微孔增氧盘或者直线式微孔管铺设固定在池底（彩图17，b）。

④ 充气管在池塘中安装高度尽可能保持一致，底部有沟的池塘，滩面和沟的管道铺设宜分路安装，并有阀门单独控制。

（5）微孔管规格选择　依据水体状况和深浅选择管径适宜的微孔管。水深1.5~3.0米的水体，用外径14毫米、内径10毫米的微孔管；水深3~4米的水体，用外径14.0~14.5毫米，内径10毫米的微孔管；水深1.5米以下的水体，用外径17毫米，内径12毫米的微孔管。

（6）安装成本参考　关于微孔管道增氧系统的安装成本，大概可分为4个档次：一是高配置的新罗茨鼓风机与纳米管搭配，安装成本1 300~1 500元/亩；二是旧罗茨鼓风机与国产纳米管（包括塑料管）搭配，安装成本800~1 000元/亩；三是旧罗茨鼓风机与饮用水级PVC管搭配，安装成本500~600元/亩；四是旧罗茨鼓风机与电工用PVC管搭配，安装成本300~500元/亩。

2. 使用方法

开机增氧时间：22：00左右（7—9月为21：00）开机，至翌日太阳出来后停机，可在增氧机上配置定时器，定时自动增氧；连续阴雨天提前开机并延长开机时间，白天也应增氧，尤其是雨季和高温季节（7—9月），13：00—16：00开机2~3个小时。

三、增产增效情况

微孔增氧模式与传统增氧方式相比，节电30%，发病率降低20%，鱼产量每亩提高20%，刺参、虾、蟹每亩提高15%，综合效益提高20%～60%，提高了养殖成活率和养殖品种的生长速度与放养密度。

（一）推广效益情况

以山东省为例：截至2013年底，山东省海水、淡水微孔增氧累计安装各类增氧设备2 400余套，推广池塘总面积约13.3万亩，其中海水池塘养殖约8.8万余亩（海参4.7万余亩、中国对虾1.3万余亩、其他2.8万余亩），淡水池塘养殖约4.5万余亩（淡水鱼类养殖约1.7万亩、南美白对虾1.4万余亩、其他1.4万余亩）；海水工厂化养殖面积超过180万米²。全省采用微孔增氧技术养殖总产量和总产值分别超过4.8万吨和30亿元。

（二）微孔增氧技术效果

使用微孔增氧技术养殖具有明显的生态改良效果：一是增氧效果明显。未使用的普通池塘溶解氧平均含量为4.68毫克/升，使用普通池塘增氧机溶解氧平均含量为6.14毫克/升，使用池塘微孔增氧机溶解氧平均含量为7.26毫克/升。二是水质调控效果明显。通过微孔增氧来调节水质和底质，另外投放微生态制剂，两者强强联合，养殖平均发病率降低了23%，药物的使用率降低了40%左右。水质的改善为对虾的生长提供了优质的环境，同时可以少换水30%~50%，减少了水污染，节省了水资源，实现了健康养殖。

（三）经济效益

使用微孔增氧技术养殖具有良好的经济效益：一是显著提高了池塘养殖产量。微孔增氧的池塘相对于普通增氧池塘平均亩产量提高20千克，较普通增氧池塘增产14.3%，刺参平均亩增产为11.1%，淡水鱼类养殖池塘平均亩增19.1%；二是显著提高了养殖品种的规格。使用池塘微孔增氧技术后，中国对虾规格增加了18.1%，刺参平均规格增加了12.7%，淡水鱼类规格增加13.1%~23.3%；三是显著提高了养殖池塘的综合效益。通过微孔增氧技术的使用，提高了养殖产品的品质与销售价格。通过水质调控及微生态制剂的投放，降低了饵料系数，实现节本增效23%左右；四是显著提高了生态效益与社会效益。微孔增氧技术的使用，改善了养殖水质，减少了养殖品种发病率，减少了换水量，节约了用电量，提高了养殖品质，为市场提供了健康的水产品，促进了渔民增收，带动了渔业发展。

四、应用案例和注意事项

（一）应用案例

以山东省为例，2013年，该省在8个县（市、区）开展了微孔方式与传统增氧方式的对比试验。结果显示：滨州市滨城区黄河鲤平均单产2 025千克/亩。较传统增氧方式增产约20%，节电35%；德州市德城区新吉富罗非鱼平均单产7 425千克/亩。较传统增氧方式增产约20%，节电40%；菏泽市定陶县黄河鲤平均单产1 720千克/亩。较传统增氧方式增产约20%，节电35%；泰安市东平县黄河鲤平均单产2 252千克/亩，乌鳢平均单产2 300千克/亩，较传统增氧方式增产约23%，节电32%；烟台市牟平区刺参平均单产95.6千克/亩，较传统增氧方式增产20.3%，节电31.6%，发病率降低20.1%，综合效益提高19.5%；临沂市郯城县黄金鲫平均单产1 340千克/亩。较传统增氧方式增产18%，节电42%；威海市文登区刺参平均单产96.7千克/亩，较传统增氧方式增产21.4%，节电33.7%，发病率降低19.6%，综合效益提高22.1%；济宁市汶上县中华鳖平均单产1 720千克/亩，较传统增氧方式增产14%，节电20%。

（二）注意事项

（1）主机发热　此问题主要存在于PVC管增氧的系统上。由于水压及PVC管内注满了水，两者压力叠加，主机负荷加重，引起主机及输出头部发热，后果是主机烧坏或者主机引出的塑料管发热软化。解决办法：一是提高功率配置；二是主机引出部分采用镀锌管连接，长5～6米，以减少热量的传导；三是在增氧管末端加装1个出水开关，在每次开机前先打开开关，等到增氧管中的水全部出尽后再将开关关上。

（2）功率配置不科学，浪费严重　许多养殖户没有将微孔管与PVC管的功率配置进行区分，笼统地将配置设定在0.25千瓦/亩，结果不得不中途将气体放掉一部分，浪费严重。一般微孔管的功率配置为0.25～0.30千瓦/亩，PVC管的功率配置为0.15～0.20千瓦/亩。

（3）铺设不规范　主要包括充气管排列随意，间隔大小不一，有8米及以上的，也有4米左右的；增氧管底部固定随意，生产中出现管子脱离固定桩，浮在水面，降低了使用效率；主管道安装在池塘中间，一旦管子出现问题，更换困难；主管道裸露在阳光下，老化严重等。通过对检测的数据分析，管线处的溶氧量与两管中间部位的溶氧量没有显著差异，故不论微孔管还是PVC管，合理的间隔为5～6米。

（4）PVC管孔径过大　PVC管的出气孔孔径太大，影响增氧效果，一般气孔以0.6毫米为宜。

（5）**高密度养殖要搭配其他增氧机** 高密度养殖鱼、虾的池塘，应配合使用水车式增氧机，使池塘水体的溶解氧均匀。

（6）**适当增加苗种和饲料** 使用微孔管道增氧的池塘应适当增加苗种的放养量和饲料的投喂量，充分发挥池塘生产潜力。

适宜区域：全国海水、淡水养殖池塘。

技术依托单位：山东省渔业技术推广站。

地址：济南市历下区解放路162号，邮编：250013，联系人：景福涛，联系电话：0531-86569026。

（山东省渔业技术推广站　景福涛）

草鱼人工免疫防疫技术

一、技术概述

草鱼是我国水产主养品种之一，目前养殖年产量达400万吨以上。但养殖草鱼病害也较多，常见危害较大的主要有草鱼出血病、细菌性败血症、赤皮病、肠炎病、烂鳃病、小瓜虫病、车轮虫病、绦虫病等（彩图18~彩图20），各种疾病在我国各地均有不同程度的发生流行，给草鱼生产造成不同程度的损失。

草鱼出血病为草鱼最主要的病毒性疾病，该病于1970年首次发现，迄今在湖北、湖南、广东、广西、江苏、浙江、安徽、福建、上海、四川等省（直辖市、自治区）主要养鱼区流行。草鱼出血病病毒属于水生呼肠孤病毒属，目前该病有3个流行株，水温在20~33℃时发生流行，最适流行水温为20~28℃，当水质恶化，如水中溶氧量偏低、透明度低、水中总氮、有机氮、亚硝态氮和有机物耗氧率偏高，水温变化较大或鱼体抵抗力低下时易发生流行，在鱼种阶段发生出血病，死亡率可高达90%以上，给水产养殖业造成巨大损失。

草鱼败血性嗜水气单胞菌是另一种主要的草鱼致病菌，属于弧菌科，气单胞菌属，嗜温气单胞菌群。南方地区发病季节为2—11月，北方地区为4—10月，一般是水温在9~36℃时，其中高峰期在水温为25~30℃时。每年4—10月均有发病。

此外，草鱼细菌性烂鳃病、肠炎病、赤皮病俗称"老三病"，从我国草鱼规模化养殖开始，一直是草鱼养殖中最严重的病害之一。细菌性烂鳃病的致病菌是柱状黄杆菌，肠炎病的致病菌是肠型点状产气单胞菌，赤皮病的致病菌是荧光极毛杆菌，大多为条件致病菌。

病毒性草鱼出血病，无法用药物控制；另外，草鱼的细菌性败血症、赤皮病和烂鳃病虽然用化学药物等方法可以控制，但易产生药物残留和环境污染等问题。采用免疫技术防控是解决草鱼病毒病和细菌病的首选办法。

1969年，中国水产科学研究院珠江水产研究所首次研制出草鱼出血病组织浆灭活疫苗(即"土法"疫苗)，"七五"期间获农牧渔业部技术改进二等奖。该疫苗免疫保护率可达80%，比对照鱼成活率提高20%～30%，是一种能防能治的疫苗。但由于该疫苗制作的缺陷，难以成为产品推广应用。

"八五"期间，我国多家研究所联合开展草鱼出血病细胞培养灭活疫苗研究，"草鱼出血病防治技术"作为研究成果1991年和1993年先后获农业部科学技术进步一等奖和国家科学技术进步一等奖。项目建立了灭活疫苗生产工艺流程，开展了生产性免疫试验。该疫苗尽管获得农业部新兽药证书，但是未能在生产中推广应用。

但水产免疫技术已成为水产疫病防控的主流方向，"八五"后期，珠江水产研究所开始研制草鱼出血病活疫苗，"草鱼出血病细胞弱毒疫苗工厂化生产技术研究"课题于1997年获广东省科学技术进步二等奖。研制的草鱼出血病活疫苗已在广东省的佛山市、肇庆市、四会市、惠州市、梅州市以及福建、广西和江西等多个地区推广应用，区域试验结果证实，草鱼出血病活疫苗使用安全，成活率高达90%以上，深受养殖户赞赏。草鱼免疫产品的规范化和产业化是实现草鱼规模化人工免疫的必要条件。在中国水产科学研究院首席科学家吴淑勤研究员的带领下，珠江水产研究所从1998年开始申报草鱼出血病活疫苗新兽药证书；2011年，草鱼出血病活疫苗（GCHV-892株）成功获得我国首个水产疫苗生产批准文号[兽药生字（2011）190986021]（图74～图76）；同年，淡水鱼类败血病细菌疫苗也获得生产批准文号[兽药生字（2011）190986013]，这是我国历史上首批可用于草鱼的水产疫苗生产批文，标志着我国水产疫苗产业化应用的开启。

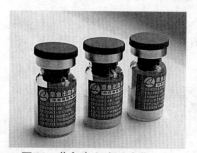

图74 草鱼出血病活疫苗
（GCHV-892株）

图75 草鱼出血病活疫苗（GCHV-892
株）新兽药证书

图76 草鱼出血病活疫苗（GCHV-892株）成功获得我国首个水产疫苗生产
批准文号

　　草鱼出血病活疫苗（GCHV-892株）的特点是用量少、效价高、保护力强、免疫产生期快、免疫期长、使用安全方便，克服了组织浆灭活疫苗效果不稳定和细胞灭活疫苗免疫期较短的缺点，主要应用于养殖草鱼出血病GCHV-892株的免疫防病，免疫时效为

1年，该疫苗在广东、福建、江西、广西等部分地区进行的田间和区域试验表明，成活率普遍在90%以上，标志着我国大宗养殖品种之一的草鱼的主要疾病可进行人工免疫预防。

草鱼疫苗已替代部分化学药物的使用。使用疫苗后，生产风险降低，大大减少了化学药物的使用量；产品质量大幅提高，也大大提升了产业水平和产业素质，塑造了新的产业形象，并在一些地方树立了优势品牌，形成良好品牌效应，极大地推动了当地水产养殖业的蓬勃发展，经济效益显著。

二、技术要点

鱼用疫苗免疫接种有注射法、浸泡法和口服法等。目前国内、外鱼用疫苗免疫接种以注射方式为主，如我国广泛使用的草鱼出血病疫苗、鱼嗜水气单胞菌败血症灭活苗、日本的虹彩病毒灭活苗、鲕的 α 溶血性链球菌和弧菌病灭活疫苗等。注射法适用于较大的鱼体，注射法能够保证适量的抗原准确进入受免疫鱼体，具有用量少和免疫效果好的优点，但由于注射免疫需将鱼从池中捞出，费时、费工、增加劳动强度，在大规模应用时不易推广使用，在注射前应了解鱼内脏器官的位置，避免在注射时损伤内脏，需要操作人员有一定的专业技能，熟练掌握注射要领，在一定程度上限制了疫苗的使用。

浸泡法使用方便，尤其适用于鱼苗、鱼种等规模化使用。浸泡法免疫接种生产操作方便，可降低劳动强度，减小操作对鱼体的刺激，可提高生产效率；但用量大，免疫效果受目前技术影响，使用率不高。

草鱼人工免疫技术的要点如下。

1. 免疫时机

在冬末、春初，气温在10~20℃时，放养草鱼种期间适宜免疫。夏季高温期间，鱼体发病高峰期不适宜使用活疫苗。通常选择在天气晴朗、水温适宜的早晨进行鱼体免疫。

2. 免疫规格

通常10厘米左右的鱼种，就可以使用注射法免疫。如在操作熟练的情况下，小规格鱼种也可以注射疫苗，但注射剂量要少，且保证鱼种体长在3厘米以上。小规格鱼苗可使用浸泡法免疫。

3. 免疫前准备

（1）水环境检测　免疫前须按常规法取养殖池塘、网箱水域的水样，检测水质的盐度、溶解氧、氨氮、亚硝酸盐等理化因子，并结合水色观察，判断水质质量，在确保水质对草鱼安全时才进行免疫。

（2）鱼体检查　在施行免疫前，首先要确认待免疫鱼的健康，不带病原：通过询问养殖业者了解待免疫鱼的生长、摄食、发病史与用药史、周边其他养殖鱼类尤其是与待免疫鱼同类养殖的病史。抽样待免疫鱼3~5尾，观察体表、摄食是否正常，显微镜检查寄生虫情况，采用快速检测技术（如PCR法）确认待免疫鱼不带病原。带病原的鱼不能免疫。免疫前待免疫鱼需停饲1天。

免疫前的设备调试和免疫场所布置情况见彩图21、图77、图78。

图77　免疫设备调试

图78　免疫现场布置

4. 免疫操作

1）注射免疫法

注射免疫的特点是用量少、效价高、保护力强、免疫产生期快、使用安全，因此，这是目前国内、外水产疫苗免疫首选的方法。

（1）注射方法　注射免疫接种根据接种部位不同，又可以分为皮下注射、肌内注射和腹腔注射3种。由于鱼类皮下注射操作难度较大，故一般采用肌内注射（彩图22）和腹腔注射（彩图23）。

肌内注射一般在背鳍基部，注射剂量控制在每尾鱼0.1～0.2毫升，与鱼体呈30°～40°的角度，向头部方向进针。进针深度约为0.3厘米，根据鱼体大小以不伤及脊椎骨为度。肌内注射的疫苗一般以易吸收、无佐剂为宜，否则易形成肿块，影响鱼体正常代谢。

腹腔注射时将针头沿腹鳍内侧基部斜向胸鳍方向进入，与鱼体呈30°～40°的角度，向头部方向进针。进针深度依鱼的大小而定；有的地区习惯用胸腔注射，从胸鳍内侧基部插入，不过个体小的不适用此法。如技术熟练，用腹腔注射或胸腔注射，药液不易漏出，比肌内注射效果好。

器具选择：注射免疫要选择型号合适的连续注射器，使用时须用75%的酒精消毒或用开水煮沸15～20分钟消毒。一般来说，体长6～8厘米的鱼种一般选用4号注射针头，体长10厘米的鱼种一般选用5号注射针头，体长约15厘米的鱼适用5.5号注射针头。若采用腹腔注射时，要防止扎针太深伤及鱼体内脏，可在注射针头上套一个小截塑料管或剪短的针头，暴露出的针尖长度略长于鱼体腹肌厚度。

（2）免疫注射操作流程　停止投喂1天后，拉网或者将运输到池塘的鱼种在池塘边围网暂养，准备注射。

药液配伍："草鱼出血病冻干苗"1瓶用100毫升注射用水稀释，可免疫500尾鱼，用于预防草鱼出血病；也可用1瓶"草鱼出血病冻干苗"配1瓶100毫升的"草鱼细菌联苗",用于预防草鱼出血病和主要细菌病。

注射时，2 500克以下鱼种每条注射0.2毫升；250克以上鱼种每条注射0.3毫升。

注射部位：一般采用肌内注射和腹腔注射。

注射背鳍基部肌肉，与鱼体呈30°~40°的角度，向头部方向进针，进针深度约为0.3厘米，根据鱼体大小以不伤及脊椎骨为度。

2）浸泡免疫法

目前适于浸泡免疫的鱼嗜水气单胞菌败血症灭活疫苗已经获得生产批准文号，可用于草鱼细菌败血病的预防。浸泡接种试验鱼相对保护率为62%~66%，可达到有效保护。

（1）前期准备　水环境和鱼体检测方法同注射免疫法。浸泡水温在12℃以上，在晴天使用，水温高，效果好些。

待免疫鱼浸泡安全性测试。浸泡前随机抽样20~50尾鱼进行试验，在疫苗产品说明书规定的疫苗使用浓度、鱼苗密度和充氧等条件下，观察在规定的浸泡时间内是否出现异常反应，还可以通过延长浸泡时间或提高疫苗使用浓度30%~100%或加大10%~50%鱼苗密度等做法，以考察鱼体的高强度耐受性。

（2）浸泡免疫操作流程　首先对放养水体消毒，停止投喂1天后，拉网或者将运输到池塘的鱼种在池塘边围网暂养。准备好器具，使用的浸泡桶、渔网等要洗净。加好清洁水，放好网箱。

药液配伍：将鱼嗜水气单胞菌败血症灭活疫苗用清洁自来水稀释100倍，每升疫苗原液加2千克盐混合均匀，可分批浸泡鱼种100千克，浸泡10分钟左右。注意不能使鱼缺氧，同时用增氧泵增氧。必要时，在技术人员指导下添加佐剂或渗透剂，可提高效果。

放鱼种：浸泡后的鱼种放入鱼池，留下的疫苗溶液可再重复使用3次，用后的疫苗溶液可放入鱼池。

三、增产增效情况

草鱼出血病活疫苗可用于预防草鱼出血病；淡水鱼类败血症细菌灭活疫苗可用于预防草鱼败血症。这些疫苗具有用量少、效价高、保护力强、免疫产生期快、使用安全方便等优点，克服了组织浆灭活疫苗效果不稳定的缺点，可广泛应用于养殖草鱼的免疫防病。草鱼出血病活疫苗（GCHV-892株）是我国第一个自主研发并推广使用的疫苗，该疫苗自20世纪80年代以来，在广东、广西、福建、海南、湖北、湖南、四川、浙江、江苏等草鱼主养地区进行应用，平均成活率在80%以上，一些区域高达90%，平均成活率提高20%~40%，保护效果良好。随着人们对健康、绿色食品需求的不断提高，通过使用疫苗可生产更安全的水产品；疫苗的广泛使用，会对病原起到净化作用，从而减少化学药物的使用，提高水产品品质，降低水环境污染和能耗，提高社会效益和经济效益。

四、应用案例和注意事项

（一）应用案例

1. 案例一

2011年，山西省水产技术推广站在山西省永济市某水产养殖场使用草鱼细菌联苗和草鱼出血病疫苗免疫草鱼鱼种16.4万尾，注射疫苗的池塘去掉人为因素，草鱼成活率可提高5%左右，按每亩投放草鱼2 000尾，鱼种规格每尾平均100克，每千克鱼种10元，每千克成鱼利润3元来计算，相当于每亩节约鱼种费100元，提高单产100千克，亩提高收益300元；减少用药成本165元，合计每亩增加效益近600元，同时减少用药，减轻了对水环境的污染，减少了人力成本等投入（表25）。

表25　2011年山西省永济市草鱼疫苗试验情况分析

养殖基本情况	注射疫苗池塘	对比池塘
池塘数量/个	4	6
水面面积/亩	44	55
草鱼投放/尾	88 000	99 600
死亡数量/尾	1 488	10 380
成活率/%	98.3	89.6
每亩渔药费/元	170	335

2013年，在山西省永济市开展的免疫与发病情况调查结果显示：接种了疫苗的草鱼死亡率为0.9%；而未接种疫苗的草鱼死亡率为10.8%，免疫池塘和未免疫池塘的草鱼死亡率具有极显著的统计学意义（$P < 0.01$），免疫保护率RPS=91.7%。使用构建的数学模型对采集的样本数据进行计算，15个免疫池塘免疫总成本为19 900元，总效益为138 000元，效益成本比为7∶1，净效益118 000元，平均每公顷水面增加净效益14 500元（表26），极大地提高了产能。

表26　草鱼疫苗接种的成本效益

草鱼疫苗成本效益分析计算内容	计算结果
15个免疫池塘接种疫苗的总成本/元	19 900
因免疫多存活下来的鱼减去饲料成本/元	84 100
因不免疫而多死亡的鱼消耗的饲料成本/元	35 100
接种疫苗后减少的药物成本/元	18 700
15个免疫池塘的总效益/元	138 000
效益成本比	7∶1
使用疫苗后增加的净收入/元	118 000
平均每公顷水面增加净收入/元	14 500

2. 案例二

2012年对江西省南昌市、九江市和上饶市的115个养殖户，采用调查表的方式记录了其草鱼养殖与免疫的基本情况。调查结果显示，有79户未采取免疫措施，未免疫鱼塘占68.7%。其余采用组织浆灭活疫苗免疫，或弱毒苗、细菌三联苗免疫，或病毒活苗和组织浆灭活疫苗联合免疫。结果显示，经过免疫的当年鱼种塘，病害发生率为22.3%，未免疫鱼塘病害发生率约为45.6%。免疫的2龄鱼塘，病害发生率为23.1%，未免疫的2龄鱼塘，病害发生率为40.5%。不使用疫苗的鱼发病风险是使用疫苗的鱼发病风险的2.95倍。从调查结果来看，是否采取免疫措施对于草鱼出血病和其他一些疾病发生有明显的影响。

（二）注意事项

（1）要保证待免疫鱼体健康不带病原　捕鱼时发现气压低、鱼塘缺氧、浮头或水质恶化；鱼出现烂鳃，烂尾，烂鳍，体表或鳍条基部、吻端、鳃盖、眼圈等部位充血，肛门红肿、腹水等细菌或病毒感染症状以及有大量寄生虫寄生的鱼都不能注射疫苗。带病原的鱼体不得使用活疫苗。

（2）要注意病原特异性　不同时期、不同地区的病原有分型差异，不同时期毒种也会发生变异。使用时必须选择合适的流行株型。

疫苗的优点在于它的针对性明确和预防性强，能特异性地作用于某病原，充分发挥动物机体获得性的免疫保护机制；在发病季节前接种疫苗，机体可产生特异性免疫记忆，在受到病原侵袭时能快速防御机体免受特定病原感染，从而达到预防某个疫病的效果。但如果病原发生变异或者不同地区发生毒种差异，免疫效果就要差很多甚至无效。流行病学调查表明，目前全国不同地区草鱼出血病有3种流行株，使用时必须选择合适的株型。

（3）要正确保存和使用产品　疫苗保存不当都可能导致免疫失

败。冻干疫苗放在冰箱冷冻层中（-10℃左右），水剂型疫苗需要放在冰箱冷藏层中（4~8℃）。不能使用超过有效期的疫苗产品。

在注射过程中需将疫苗瓶遮光放置，忌曝晒。疫苗一旦开瓶后，就要马上使用，而且要当天用完。当天开瓶但没用完的药液、用完的瓶、纸箱、泡沫箱等废弃物要做无害化处理，以免造成环境污染。

接种剂量、免疫方式不正确都可能导致免疫失败。

（4）要注意水质等其他影响因素　水的透明度低，水色变差，鱼塘缺氧，如塘水溶氧量在3毫克/升以下，pH在6.5以下（即偏酸性）或8.5以上（即偏碱性），氨氮0.68毫克/升以上（水温为30℃，pH为8）和1.32毫克/升以上（水温为20℃，pH为8），亚硝酸盐在0.15毫克/升以上等情况，均不适宜使用疫苗。

（5）避免鱼体受伤，注意安全使用　严格按照疫苗产品使用说明中关于适用对象、免疫方式、剂量、注意事项等要求操作，在操作过程中要密切注意鱼的稳定状态，如出现异常，应及时采取早期安全防护处理。注射时尽量减少受免疫鱼的损伤，整个操作过程要轻、快、稳，尽量减少鱼体的损伤，必要时可轻度麻醉后再注射。注射疫苗后最好用"鱼菌清""二氧化氯"等消毒剂消毒水体，预防伤口感染。

（6）免疫后管理　施行免疫时鱼因在环境胁迫（拥挤胁迫、捕捉胁迫、体表损伤、疫苗的使用等）的作用下，机体抗病、抗逆能力受到一定的影响，故免疫后必须加强日常养殖管理工作。及时检测水质的理化因子，确保水质良好；观察受免疫鱼的摄食，投喂新鲜的饲料；在免疫后的前1~2周内，每日投喂1次复合维生素，注重维生素C的添加等。

要有综合防控草鱼病的理念和措施：疫苗也有使用局限性，其仅适用于特定株型的预防，对该特定株型以外的病无预防作用。另外，在养殖过程中可能会遇到其他种或新株型细菌、病毒和寄生虫等病原性疾病及其他非病原性疾病，因此，必须建立综合防治管理意识，及时开展病原监控、流行病调查；精心管理水质、饲料等投入品；合理使用治疗药物，方可确保养殖效益。

技术依托单位：中国水产科学研究院珠江水产研究所。

联系地址：广东省广州市荔湾区兴渔路1号，邮编：510385，联系人：黄志斌、巩华，联系电话：020–81523119，020–81616556。

（中国水产科学研究院珠江水产研究所　黄志斌，巩华）

稻渔综合种养技术

　　稻渔综合种养技术是充分利用稻田或池塘这一生态环境，根据物种间资源互补的循环生态学机理，将水稻种植和养鱼（虾、蟹、鳖等水生动物）有机结合起来，提高水体的单位产出效益，以达到稳定粮食生产、提高稻米和水产品的品质等目的的一项生态、高效、富民的现代循环农业技术。它发挥生物的综合防治作用，减少了除草等劳动力投入和农药、化肥的支出，有效减缓了农业面源污染，进而提高种养品种的质量安全，不仅降低了种稻成本，而且在稳定粮食产量的同时实现了一地两用，一水多收，增加了渔（农）民收入，显著地提高了渔（农）民的种稻积极性。根据生态环境的不同，可划分为稻田综合种养和池塘综合种养。根据养殖品种的不同，主要可划分为稻鱼共作、稻虾连作、稻鳖共作、稻蟹共作等。

一、稻渔综合种养的生态学原理

　　在稻渔综合种养生态系统中，水稻是生态系统的主体，它大量吸收太阳能、二氧化碳、水以及各种养分，借助光合作用制造有机物，通过能量转化、运转和储存，形成稻谷和稻草提供给人类。但田间大量的杂草、浮游植物以及光合细菌等也同样进行着能量转化、运转和储存的过程，与水稻争夺肥料、空间和阳光等。而水生动物既是初级消费者，又是次级消费者，还是三级消费者，在生态系统中成为影响其他生物种群、群落密度的主导生物控制因子。鱼类等水生动物摄食稻田里的部分害虫和杂草，既减轻了虫害和草害，又可减投鱼饵；鱼粪可肥田，鱼类等水生动物在田中来回游动翻动泥土又能促进肥料分解，既起到松土的作用，又有利于水稻分蘖和根系的发育。同时，鱼类等水生动物的呼吸丰富了水稻光合作用所需的碳源供应，构成了稻谷增产的物质基础。因此，稻渔综合种养生态系统发挥了水生动物对水稻的有利作用，改善了水稻生长发育的环境条件，实现了稻和鱼的共生互利。图79显示了稻鱼共生物质循环的系统模式。

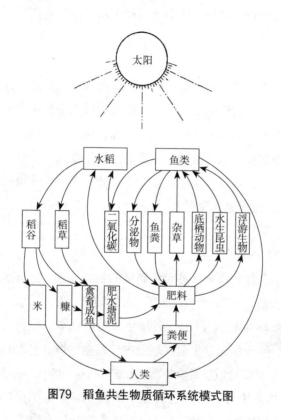

图79　稻鱼共生物质循环系统模式图

二、稻渔综合种养的主要效应

（一）大局效应

粮食生产始终是各级党委、政府工作的重中之重，对于国计民生的稳定具有举足轻重的作用。俗话说"手中有粮，心中不慌"。以浙江为例，年粮食总产量在800万吨左右，而实际需求在2 000万吨以上，是粮食缺口大省。稻渔综合种养同国家政策形势是一致的，既解决了领导如何稳定粮食生产的困惑，又解决了农民种粮收益低的问题。我国各地历年的实践经验表明，发展稻渔综合种养，不仅不会减少粮食产量，还会起到稳定水稻生产的作用。

（二）增收效应

近两年的实践证明，通过稻渔综合种养可以提高土地的综合产出率，能够增加农民的收入。一方面农业投入品使用明显减少，稻米品质改善带来的粮价提高；另一方面，水产动物利用稻田空间，摄食杂草和害虫，水产品的品质提升增加了收入，使单位土地产出水平大幅增加，增收效果明显。如青田稻鱼共生模式每亩效益达到3 400～5 400元，德清鳖稻共生模式亩效益高达11 090元。

（三）生态安全效应

稻渔综合种养作为一种农作制度的创新模式，能够减少甚至不用化肥、农药，在减少农业面源污染的同时，保证了农产品质量安全。浙江大学生态研究团队通过8年来对浙江青田稻鱼共作模式的调查研究，发现稻鱼共生模式系统中杂草总生物量仅为6.14克/米^2，比单种水稻模式对照组的56.01克/米^{2}减少了89.05%；纹枯病发病高峰期的病株率为57.33%，比对照组的76.37%降低了19.04%；虫口密度与种稻对照区相比降低了48.84%。稻鱼共生模式比单种水稻模式减少农药用量46%。水稻单作模式比稻鱼共作化肥用量要高出35.16千克/公顷。从近年来示范试点的情况看，浙江清溪鳖业有限公司实施的稻鳖共作模式近3年没有使用过农药和化肥；兰溪稻鳅共作模式使用农药1～2次，与常规水稻种植模式的4～5次相比减少农药使用60%～80%，施用一次基肥或一次基肥加一次追肥，比常规水稻种植模式施肥总量要减少50%以上。在产品质量安全方面，浙江省水产技术推广总站对稻田养鱼的水产品及土壤样品进行过检测，未发现稻田养鱼水产品中农药残留、重金属含量超标现象，产品质量符合"无公害产品""绿色产品"和"有机产品"要求。

（四）空间拓展效应

养鱼、稳粮和增产、增收涉及省长"米袋子"和市长"菜篮子"两大工程。一方面，粮食是重要的战略物资，有粮才能不慌；同时，由于水产品富含人体必需的多种氨基酸、不饱和脂肪酸、微量元素和维生素，是提供人类动物蛋白质的重要来源；另一方面，随着工业化、城市化的推进，农田、养殖水面缩小是个现实情况，如何拓展种粮和养鱼空间、保障粮食和水产品有效供给是一个亟待破解的问题。实施稻渔综合种养，有利于充分发挥"稻鱼共生系统"的作用，既可以通过在稻田中养鱼，在稳定以及增加粮食单产的同时，扩大养鱼空间，增加水产品供应量；也可以在鱼塘中种稻，增加粮食的种植面积，从而实现稻鱼丰收、农渔双赢的目标。

（五）历史文化传承效应

"稻田养鱼"已被联合国粮食及农业组织、联合国开发计划署及全球环境基金会共同列入"全球重要的非物质文化遗产"。通过发展稻渔综合种养，不仅能使农民的生产生活不脱离稻渔系统，而且能带动农业观光旅游业的发展，有利于传统农耕文化的保护。

三、稻渔综合种养的主要技术要点

（一）稻田的选择

稻田的选择遵循5个原则：一是要求水源充足，排灌方便，无工业污染，水质良好，无任何有害污染。二是地势向阳，光照充足，有利于提高水温，促进鱼的摄食和生长，环境安静，空气

清新。三是面积适中，以东西
向、长方形为好，最好为连片
稻田，位于"两区"之内，方
便管理。四是要求土质保水性
好，稻田的耕作层较深，以黑
色壤土为好，不漏水，不漏
肥，透气性好。耕作层较浅的
沙土田、沙泥田不宜选择。五
是要求田埂相对较高、较宽、
较结实，不易崩塌等（图80）。

图80　稻田的选择

（二）田间工程改造

根据当地的环境条件，选择稻田进行基础设施改造（图81），
其改造方法如下。

1. 田埂改造

一般养鱼的稻田沿田埂内四周挖土或采用水泥硬化方式（图
82），加高、加宽田埂，使田埂高度高出田面30～40厘米，宽度为
30～50厘米。田埂高度和宽度达不到的，可用开挖围沟和鱼坑时的
下层硬土来加高、加宽田埂，并用工具锤牢固。加宽、加高、加固
田埂要求在晴天进行施工，不宜在雨天施工，以免影响田埂坚固性。

图81　田埂改造

图82　田埂水泥硬化

2. 进、排水设施

配备固定机埠、抽水机。进、排水渠道分开，进、排水口设在稻田的相对端，进水口略高于田面，排水口设在环沟低处，能使整个稻田的水流畅通。一般情况下进水口宽30～50厘米，出水口宽40～60厘米。

3. 鱼沟、鱼坑

鱼坑与鱼沟的开挖宜选在冬末、春初，最好配合农田水利冬修进行。其建设的目的：一是蓄水、抗旱，可以提早放养；二是确保初期用水及施肥、施药时有利于水生动物的安全；三是便于投饲、防病、捕捞。

山区人工扦插的稻田，插秧前开沟，插秧后10～15天整理，鱼沟呈"十"字形、"I"形或为"田"字形，沟宽60～70厘米，深25厘米以上，占稻田面积6%～7%（无鱼坑的为10%），沟坑相通。

图83 鱼坑

平原稻田鱼沟可深一点，机械化操作的稻田插秧前开挖好鱼沟。鱼坑（又称鱼溜、鱼凼）占稻田面积的3%左右，深80厘米以上（图83）。坑壁用砖石或水泥混凝土浇筑，高出田面20厘米的，开几个缺口与稻田相通，留点空地可种瓜。鱼坑与鱼沟相连，设在进水方便的安静处，山区梯田可选择田后坎。鱼沟通风透光，养成鱼的深一些，养鱼种的可浅一点。鱼沟、鱼坑的设置要兼顾机械操作，一般在主干道与稻田间留2米宽的通道一条，便于收割机下田。

4. 防逃设施

养鱼稻田的进、出水口架设拦鱼栅，用竹篾、铁丝、网片或树枝条等编成。拦鱼网的网孔大小以不阻水、不逃鱼为度，做到能有效防止逃鱼，又不影响稻田正常的排、灌水。中华鳖由于有四肢掘穴和攀登的特性，因此，其防逃设施的建设是鳖稻共作模式的重要环节。一般情况下，养鳖纯土池或稻田需用内壁光滑、坚固耐用的砖块、水泥板、塑料板等材料做防逃围墙（彩图24），墙高50厘米，并有15～20厘米插入土中，四角处围成弧形。顶部加10～15厘米的防逃反边。进、排水口安装金属或聚乙烯材料的防逃拦网。四周用砖石砌的养鳖池，近池沿部应呈垂直向，池沿设防逃反边。

5. 防鸟设施

可用塑料网或瓜棚等作为防鸟设施（图84）。也可在稻田的东西向（或南北向）每隔30厘米打一个相对应的木（竹）桩，每个木（竹）桩高20厘米，打入田埂10厘米，用直径0.2毫米的胶丝线在相对应的两个木（竹）桩上拴牢、绷直，形状就像在稻田上面画一排排的平行线。

图84　防鸟设施

6. 饵料台设置

对于稻鳖共生而言，还需设置饵料台。在向阳沟坡处搭设鳖专用投饵台，采用水泥板、木板、竹板或聚乙烯板等搭建，或漂浮固定于水面，或设成斜坡固定于池边水面，使其一端倾斜淹没于水中，另一端露出水面。为防止夏季日光曝晒，在鳖专用投饵台上搭设了遮阳篷。

（三）水稻种植技术

1. 品种选择

水稻品种的选择应遵循以下几个原则：一是抗倒伏，茎秆粗壮、韧性好、根系发达。二是高产，抗病虫能力强。三是口感好，品质优，根据当地群众的偏好选择品种。四是根据稻渔共生的类型和当地的条件因地制宜地选择品种。4月底、5月初种植的水稻，宜选择植株矮、分蘖力强、穗形大、抗条纹叶枯病的品种；6月及以后种植的水稻，一般推广的品种都可以使用；10月前收割的水稻，应选择感温性强的品种；10月底及以后收割的水稻，应选择感光性强的品种。对于已养过中华鳖的场地因其底质较肥，选择水稻品种以水稻生育期偏早、耐肥抗倒性高、抗病虫能力强，且高产、稳产的早熟晚粳稻品种为宜，尤其是生产高品质米且栽培上要求增施有机肥和钾肥的水稻品种为好。以浙江地区为例，适宜的水稻品种主要有："嘉优5号""嘉禾优555""嘉禾218""甬优6号""甬优9号""甬优12号""中浙优8号""扬两优6号""两优293"等。彩图25列举了几种适宜的水稻品种。

2. 种植时间

根据当地气候条件、农事节点安排、水稻品种等条件确定合理的种植时间。一般播种时间为5月上旬、中旬，移栽时间以5月下旬为宜，酌情调整。

3. 育秧方法

目前普遍推荐使用工厂化育秧方式进行。具体步骤如下（图85）。

1）育秧前准备

（1）育秧棚及育秧地选择　要选择地势平坦，背风向阳，排水良好，水源方便，土质疏松的偏酸性、无农药残留的园田地或旱田地及房前屋后的地块做育秧田，秧田长期固定，连年培肥消灭杂草。

（2）秧田与本田比例　一般为1∶（70～90），每公顷本田需育秧田70～90米^2，按照机插450～500盘/公顷用秧量育秧。

（3）棚及苗床规格　推广大棚育苗，床宽6.5米，长60米，高2米，步行过道宽0.3～0.4米。

（4）整地制作秧床　提倡秋整地做床，春做床的早春浅耕10～15厘米，清除根茬，打碎坷垃，整平床面，用木磙压实，有利于摆盘。

（5）育秧床土准备　床土最好在前一年秋天准备，经过冬天的熟化，第二年春天过筛或制成颗粒状床土。床土最好采集山地腐殖土、腐熟好的草炭土；如果采集不到上述土壤可采集旱田土作为床土原料。土中不能含有粗砂和小石块，以防损坏插秧机零部件。采土时要选择有机质含量高，偏酸的土壤。要先去掉表土层3～5厘米后，再取10～15厘米耕作土层。采集的土要进行晾晒，其含水量降低到20%左右后，再用4～5毫米孔筛进行过筛，并妥善保管，防雨、防风，以待使用。

（6）苗床用土配制　不同土类按适当比例采集、过筛、混合，同时调酸、调肥、消毒。必须达到土壤的pH在4.5～5.5；不砂、不黏的黏壤土或沙壤土；有机质含量高，土质疏松，通透性好，肥力较高；土壤颗粒直径在2～5毫米的占70%以上，2毫米以下的占30%以下；养分调节适宜，氮、磷、钾三要素俱全；床土要经过消毒、灭病菌、没有草籽。施肥可采用水稻育苗壮秧剂，施用方法：每袋壮秧剂（2.5千克）可拌土28～36千克床土，育秧70～90盘，或按使用说明书配制。

（7）浇足苗床底水　床土消毒前先喷50%底水，消毒后再用喷壶浇透苗床底水，使15厘米深床土水分达到饱和状态，使床土含水量达到25%～30%。

浸种　　　　　　营养土准备　　　　　　播种

摆盘　　　　　　　　　　　育秧

图85　机插育秧的主要流程

2）种子及种子处理

（1）种子质量　种子质量必须保证。一般要求纯度不低于98%，净度不低于98%，芽率在90%以上，含水量不高于15%。

（2）晒种　浸种前选晴天晒1～2天，每天翻动3～4次。

（3）脱芒　要在浸种前对种子进行机械脱芒，糙米率小于0.5%。

（4）筛选　筛出草籽和杂质，提高种子净度。

（5）选种　用相对密度1.13的盐水选种，用密度计测定相对密度，或用鲜鸡蛋放入水中露出水面5分钱硬币大小即为标准相对密度，捞出秕谷，再用清水冲洗种子。

（6）浸种消毒　把选好的种子用10%的"施保克"3 000～4 000倍浸种，种子、药液比为1∶1.25，每天搅拌1～2次，保持水温15℃以上，浸种消毒5～7天，或以浸种累计温度100℃为宜。

（7）催芽　将浸泡好的种子放在循环式或蒸汽式催芽机中，30～32℃恒温催芽，达到破胸露白，芽长不大于1毫米，否则应降温至15～20℃晾芽。

3）播种

（1）软盘育秧　用软盘育秧应先将软盘铺放在育秧床上（用硬盘育秧可将播种后的硬盘直接摆放在棚中），装底土1.5～2.0厘米，浇透水。

（2）机械播种　选用半自动播种机或全自动播种机，播种效率高，播种密度均匀，有利于机械插秧。

（3）播种期　当气温稳定在5～6℃时开始播种。一般播期为4月10—20日。

（4）播量　要坚持稀播种。发芽率在90%以上的种子，每盘播芽种0.12～0.14千克。根据水稻品种和质量酌情增减。

（5）预防地下害虫　水稻浸种后用35%的丁硫克百威粉剂按每1 000克种子（芽种）用药8克拌种，然后播种。

（6）覆土　用过筛无草籽的疏松沃土盖严种子，覆土厚度为0.8～1.0厘米。

（7）封闭灭草　用苗床除草剂每袋250克，混细土3～5千克。撒施20米^{2}苗床，进行封闭灭草，也可用丁扑合剂。

（8）平铺地膜　播种后在床面平铺地膜，保温保水，苗出齐后立即撤掉。

（9）搭架盖膜　大中棚盖膜后，膜上拉绳将膜压紧，四周用土培严，拉好防风网带，设防风障。

4）苗期管理

（1）温度管理　播种到出苗期密封保湿，出苗至1叶1心期注意开始通风炼苗，棚内温度不超过28℃。秧苗1.5～2.5叶期，逐步增加通风量，棚温控制在20～25℃，严防高温烧苗和秧苗徒长。秧苗2.5～3.0叶期，棚温控制在20℃以下，逐步做到昼揭夜盖。移栽前全揭膜，炼苗3～5天，遇到低温时，增加覆盖物，及时保温。

（2）水分管理　采用微喷设备，每个喷头辐射半径3米，需配备补水井、水泵等喷灌设施。秧苗2叶期前，原则上不浇水，保持土壤湿润，当早晨叶尖无水珠时补水，床面有积水要及时晾床。秧苗2叶期后，床土干旱要在早或晚浇水，一次浇足浇透。揭膜后可适当增加浇水次数，但不能灌水上床。

（3）苗床灭草　没有封闭灭草的苗床，稗草1.5叶期用"敌稗"灭草，每平方米用16%的"敌稗"乳油1.5毫升，兑水30倍，露水消失后喷雾，喷药后立即盖膜。

（4）预防立枯病　秧苗1.5叶期，每平方米用"移栽灵"1.5～2.0毫升稀释1 000倍喷苗；或用3.2%"克枯星"15克、10%的"立枯灵"15克、3%的"病枯净"15克兑水2.5～3.0千克喷苗。喷后用清水洗苗。

（5）苗床追肥　秧苗2.5叶期发现脱肥，每平方米苗床用硫酸铵1.5～2.0克，硫酸锌0.25克，稀释100倍对叶面喷施，喷后及时用清水洗苗。带土移栽的起秧前1天每平方米追磷酸二铵150克或三料肥250克，追肥后清水洗苗。

（6）预防潜叶蝇　于起秧前1～2天每平方米用10%的"大功臣"粉剂3克兑水3千克喷雾。

（7）起秧　起秧前1天要浇水，水量适合，不能过大或过小，以第二天卷苗时不散，夹苗时苗片不堆为宜。即用手按下秧片不软又不硬最好，随起随插，不插隔夜秧。

4. 栽插

当秧苗为2.5～3.5叶龄时，采用行距30厘米的插秧机机插。株距20～25厘米，杂交稻每丛栽插2～3本，常规晚稻3～5本。杂交水稻分蘖强，疏插对产量影响不大。对于养鱼、养虾模式而言，亩栽插密度可达1.0万~1.5万丛；对于稻鳖共生模式则合理稀释，5月左右种植的水稻每亩0.6万~0.8万丛左右；6月前后种植的水稻每亩1万丛左右。对于田块不够平整、插秧机不容易下去或机插会造成水生动物损伤的稻田则采用人工种植，采用水稻大垄双行栽插技术进行。彩图26显示了机插方法及大垄双行栽插技术。

5. 施肥管理

稻渔综合种养模式一般情况下无需施肥。对于初次开展稻渔综合种养的稻田，需要施肥。肥料使用应符合《肥料合理使用准则》（NY/T496）的规定，禁止使用对水生动物有害的肥料，推荐使用农家肥和生物有机肥。一是施足基肥。大田耕整时，每亩施用商品有机肥500~750千克，或碳酸氢铵30~35千克加过磷酸钙15~20千克。二是适当施用分蘖肥。栽插后5~7天，每亩施用尿素5.0~7.5千克；栽后12~15天，每亩施用尿素10.0~12.5千克，氯化钾7.5~10.0千克。三是酌情施放穗肥。根据苗情施穗肥，于倒4叶露尖时每亩施用高浓度复合肥7.5~10.0千克。

6. 水分管理

一是活棵返青期。栽插后3天内，晴天保持3~5厘米浅水层，阴天保持田间湿润，雨天及时排水。二是分蘖期。放养前，灌浅水3~5厘米，自然落干后再灌浅水。放养后，保持田面5~10厘米水层，并根据水质经常更换田水。三是搁田控苗。当水稻茎蘖数达到预定穗数的80%~90%时，开始搁田，田面干后2~3天灌水后继续搁田，反复4~5次。搁田期间鱼沟、鱼坑须保持满水。四是孕穗抽穗期。当水稻倒3叶露尖时，稻田建立5~10厘米水层，直到扬花结束。五是灌浆结实期。采取间歇灌溉，田面灌浅水3~5厘米，自然落干后2~3天后再灌浅水，反复循环直到收获前5~7天停止灌水。

7. 有害生物防治

稻渔综合种养下水稻的病害较少，但由于受周边环境的影响，也需做好水稻病害防治工作。按照"预防为主，综合防治"的植保方针，坚持以"农业防治、物理防治、生物防治为主，化学防治为辅"的无害化治理原则。对于原先杂草较多的稻田，可在水稻播种前2~3天喷洒除草剂1次。农药使用应符合《农药合理使用准则》（GB/T 8321）和农药安全使用规范（NY/T 1276）的规定。栽插后5~7天，可随第一次追肥，用40%的苄嘧·丙草胺可湿性粉剂100~120克拌肥施入；以后见杂草危害用人工拔除。根据季节变化，做好病虫害防治。主要水稻的病虫害有：纹枯病、稻纵卷叶螟、褐稻虱、二化螟和大螟。病虫害防治推荐农药和使用方法见表27。用药前尽可能将水生动物全部赶到鱼溜、鱼坑中，灌满田水，一半稻田先用药，剩余的一半隔天再用药，让水生动物在田间有多一点躲避的场所。粉剂宜在早晨露水未干时喷施，水剂在露水干后使用。施药时喷嘴要斜向稻叶或朝上，尽量将药喷在稻叶上。下雨前不要施农药。严禁含有甲胺磷、毒杀酚、呋喃丹、五氯酚钠等剧毒农药的水流入稻田。推荐使用生物防治和物理防治方法进行。彩图27显示了诱虫灯防治水稻病虫害的情况。

表27　主要病虫害防治农药推荐及使用方法

防治对象	防治适期	农药、剂型及亩施用量	使用方法
纹枯病	丛发率≥15%	4%井冈霉素AS 400毫升	
稻纵卷叶螟	分蘖期百丛幼虫≥40头，孕穗期百丛幼虫≥20头	20%氯虫苯甲酰胺SC 10~15毫升	兑水30千克细喷雾
褐稻虱	200~500头/100丛	25%噻嗪酮WP 40~60克	
		25%吡蚜酮WP 30~40克	
二化螟、大螟	丛危害率≥5%	20%氯虫苯甲酰胺SC 10~15毫升	

注：①稻瘟病重发田，可用20%的三环唑WP每亩75~100克在破口期预防。②每次用药后及时换水1次。

（四）水生动物的养殖管理

1. 养殖模式

常见的稻渔综合种养模式主要有：稻鲤（鲫、泥鳅、草鱼等）共生、稻鳖共生、稻蟹共生、稻虾连作等。需根据自身条件和能力选择适宜的模式。

2. 清整消毒

放养苗种前，清除鱼沟、鱼坑内的敌害生物、致病生物及携带病原的中间宿主。常规消毒药物及用量见表28。施药时间为晴天06：00-08：00或16：00-18：00，避免阳光直射，降低药效。

表28 常用消毒药物及使用方法

渔药名称	用法与用量	休药期/天	注意事项
氧化钙（生石灰）	水深1米，185~225毫克/升 水深6~10厘米，900~1 100毫克/升	≥7	不能与漂白粉、有机氯、重金属盐、有机络合物混用
漂白粉（有效氯含量≥28%）	水深1米，15~20毫克/升	≥5	勿用金属物品盛装；勿与酸、铵盐、生石灰混用
二氧化氯	水深1米，5~10毫克/升	≥10	勿用金属物品盛装；勿与其他消毒剂混用

注：清塘用药后的废水排放应注意对周围环境的影响。

3. 进水

消毒结束后，在苗种放养前7~10天，鱼沟、鱼坑进水60~80厘米后排掉，再进水、排水，反复3次后再进水60~80厘米。

4. 水质饵料生物培育

对于稻虾连作、稻鳅共生和稻蟹共生模式的稻田，一般需施肥培育饵料生物。通常采用尿素、过磷酸钙等化肥或复合肥和发酵鸡粪等有机肥进行。有机肥应经过堆放发酵后使用，用量为100~200毫克/升，氮、磷无机肥比例为（5~10）：1，首次氮肥用量为2毫克/升，以后2~3天再施一次，用量减半，并逐渐添加水。养殖小龙虾的需种植水草，既能为小龙虾提供优质饵料，又能为其栖息、蜕壳生长提供良好的环境，是小龙虾养殖成功的关键措施之一。水草是指沉水植物，也可种植水葫芦和水花生。

5. 苗种放养

水产动物的种类应选择广温性、杂食性、不易外逃、市民喜欢的品种；偏僻山区最好选择当地易购苗种。根据产量指标和鱼种规格，结合当地的水源条件、水体深浅、土壤肥力和管理水平等因素确定合理的放养量（表29）。除主养品种外，还可搭养一定的花鲢、白鲢，一般在5月底至6月初放养鱼苗，规格为1.5厘米，每亩投放50~100尾。

表29　不同种类的推荐放养密度

名称	放养规格	亩放养量	放养时间
青鱼、草鱼、鲤等鱼类	鱼种	300~800尾	5—7月
	夏花	1 300~3 500尾	
	鱼种+夏花（尾）	（200尾+300尾）~（400尾+600尾）	
泥鳅	3~5厘米	2万~3万尾	5—6月
	6~10厘米	1.0万~1.2万尾	6—7月
	1~2厘米	4万~5万尾	7—9月
日本沼虾	3~5厘米	3万尾	12月至翌年2月
小龙虾	种虾	10~15千克	4—6月
	每千克20~30尾的亲虾	20~40千克	7—8月
	每千克250~600尾的幼虾	60~120千克	9—10月
中华绒螯蟹	蟹苗	0.3-0.5千克	5—6月
	每千克140~160只扣蟹	4~6千克	2—4月
	每千克40~100只的蟹种	5~10千克	7月
中华鳖	100~150克/只	500~800只	5—8月
	350~600克/只	300~500只	
	>600克/只	100~200只	

注：具体情况需视各地差异作适当调整。

鱼种和夏花插秧前就可放养，草食性鱼类水稻分蘖后放养或先暂养鱼坑。放苗宜在晴天的早晨进行，同一稻田里苗种要均匀，一次性放足（图86）。雷雨天或阴天，气温不稳定时不放；鱼苗袋与稻田水温差不超过2℃，鱼种不超过4℃；放养前鱼种需进行体表消毒，常用药物有漂白粉、晶体敌百虫、食盐、高锰酸钾，具体方法见表30。

图86　水产苗种的放养

表30　鱼种体表消毒的方法

药物	浓度	浸洗时间/分钟	预防鱼病对象
漂白粉	10～20克/米³	15～20	细菌性皮肤病、烂鳃病等
晶体敌百虫	10克/米³	10～15	鱼鲺、锚头鳋等
高锰酸钾	20克/米³	30～60	锚头鳋等
食盐	3%～5%	5～10	水霉病、车轮虫病等

6. 投饲管理

除可利用稻田一些天然动物、植物饵料外，加强投饲是增产、增效的关键。要合理投喂颗粒饲料和米糠、麸皮等下脚料和青饲料等农家饲料，做到定点、定时、定质、定量投喂。

（1）稻鱼共生模式　上午、下午各投喂1次，日投饲量均为鱼体总重量的5%左右，具体根据天气、鱼吃食情况等酌情增减。前期以投喂颗粒饲料为主，适量搭配农家饲料，后期以农家饲料为主，逐步减少颗粒饲料投饲量。

（2）稻田养小龙虾　一般7—9月以投喂菜粕、麦麸、水陆草、瓜皮、蔬菜等植物性饲料为主；10—12月多投一些动物性饲料，日投喂量为虾体重6%～8%，早、晚各投喂1次，晚上投喂日投饵量的70%；冬季每隔3～5天投喂1次，于日落前后进行，投喂量为虾体重的1%～2%；来年4月，逐步增加投饲量，确保小龙虾吃饱、吃好。

（3）稻蟹共生模式　河蟹的饲料有米糠、谷粉、浮萍、大米、稻谷，还有鱼粉、豆饼、蚯蚓、轧碎的螺蛳、动物内脏等。一般上午、下午各投喂1次，投喂地点应在水沟两侧的岸边上，或投在预先设好的食台上，投喂量每天应掌握在河蟹总体重的3%～5%。

（4）稻鳖共生模式　鳖的饲料种类有：螺、蚬、冰鲜杂鱼等动物性饲料和专用系列配合饲料。配合饲料质量应符合《中华鳖配合饮料》（SC/T 1047）的要求，安全卫生指标应符合《饲料卫生标准》（GB 13078）和《无公害食品 渔用配合饲料安全限量》（NY 5072）的规定。根据放养密度、摄食情况和气候状况进行投饲。配合饲料的日投饲量为鳖体重的1%～3%；适当搭配投饲动物性饲料。投饲量以1小时内吃完为宜。饲料宜投喂在固定的投饲台上。水温20～25℃时，每天1次，中午投饲；水温大于25℃时，每天2次，分别为09：00和16：00投饲。

（5）稻虾连作模式　投喂颗粒配合饲料，日投饵量控制在虾体重的3%～6%，以投饲后2小时内吃完为度。前期粗蛋白质含量为36%，后期粗蛋白质含量为32%。每天投喂2次，07：00—08：00投喂总量的1/3，16：00—18：00投喂总量的2/3。饵料主要投放在田沟四周浅水区，便于青虾均衡摄食，有利于检查青虾吃食情况和发病情况。具体要看天气、水质、水温以及青虾蜕壳生长及不同季节而定。

（6）稻鳅共生模式　饵料种类以农副产品为主，如米糠、豆饼、菜籽饼、动物下脚料等，搭配少量鱼粉、蚕蛹粉；后期可多投喂一些饵料，利于集中捕捞。推荐使用人工配合饲料，日投饲量以泥鳅体重的3%～5%为宜。具体应根据摄食情况、天气状况，确定当日投喂量。每日投喂2次，07：00—08：00投喂总量的2/5，17：00—19：00投喂总量的3/5。饵料主要投放在田沟四周浅水区，便于泥鳅均衡摄食，有利于检查泥鳅吃食情况和发病情况。

7. 日常管理

坚持每天巡田，保持水质清新，保证防逃设施完好，及时清除水蛇、老鼠等敌害生物。加强水质和水位管理，视水质情况，酌情换水，每次换水量不超过20%，水质应保持透明度25～30厘米。以"预防为主，防治结合，综合治理"为原则做好病害防治工作，定期使用5千克/亩的生石灰泼洒消毒，间隔1周后用生物制剂改善水质。每半个月在饲料中添加维生素及免疫增强剂。有条件的稻田在晴天午后和夜里定期开增氧机。

8. 起捕

（1）鱼类　捕鱼前，要先疏理鱼沟、鱼溜，使沟、溜通畅，然后缓慢放水，使鱼落沟，将其驱赶到鱼溜，再用小网、抄网或捞海轻轻地捕鱼，集中放到鱼桶，再运往附近塘、河的网箱中暂养。如果鱼多，一次性难以捕完，可再次进水，集鱼、排水捕捞。之后需检查沟、溜和脚坑中是否还留有鱼。在捕鱼过程中，为保护鱼体，要及时把鱼放入网箱，避免鱼受伤死亡，保持活鱼上市。鱼进箱后，洗净淤泥，清除杂物，分类分格，对于不符合食用标准个体的鱼种，转入其他养殖水面，以备翌年放养需要。

（2）泥鳅　先将田水放干，让泥鳅聚集于鱼坑中，用拉网捞起。对潜入泥中或沟边的泥鳅，采取先干水再挖的办法；水源方便的稻田，可以边冲水、边驱赶，然后集中捕捞。

（3）青虾　养成后，在田沟中放置地笼网捕虾。捕大留小，使虾陆续上市，一般在池水水温较高，虾活动频繁时使用，每次放笼时间不超过2个小时。

（4）小龙虾　稻田养殖小龙虾，一般2个月左右即可将部分达到商品规格的成虾及时捕捞上市，捕大留小。这样既可降低稻田内龙虾的密度，又可促进小龙虾的快速成长。在准备收获排水前，均先将田沟疏通，使虾随田水慢慢流入周围大沟，再排放大沟的水，虾便随水流往下游，可使用网具，在排水口捕捞收获。如一次未收干净，可再灌新水，重复进行捕捞，直到捕完。收获季节，一般气温较高，可利用早、晚进行，避免损伤虾。在收虾前，应备好装虾容器，以便将成虾运输上市或另外转池暂养待售。

（5）河蟹　河蟹养成后，在田沟中放置地笼网起捕。捕大留小，使河蟹陆续上市。

（6）中华鳖　根据市场行情适时捕捞，采用排干水挖捕或带水钓捕等方式进行。

四、增产增效情况

目前稻渔综合种养技术已在全国各地推广，并取得了显著的生态效益、经济效益和社会效益。实践表明，稻渔综合种养对于加快转变农业发展方式，促进现代化农业发展，为社会提供优质安全粮食和水产品，提高农业综合生产能力，增加农民收入，具有十分重要的意义。以浙江清溪鳖业有限公司稻鳖共生为例，养殖面积1 200亩，实现亩产水稻500千克以上，亩产商品鳖100千克以上，年亩利润5 000元以上。目前该模式已推广到全国各养鳖主产区，仅浙江省的推广面积已达3万余亩，成为中华鳖养殖产业转型升级的一个重要途径。

适宜区域：全国各水稻种植区域和水产养殖主产区。

技术依托单位：

（1）浙江省水产技术推广总站

联系地址：杭州市西湖区益乐路20号，邮编：310012，联系电话：0571-85029503，联系人：张海琪，E-mail：zjscxpz@126.com。

（2）浙江清溪鳖业有限公司

联系地址：湖州市德清县乾元镇城关09省道收费站旁，邮编：313216，联系人：王根连，联系电话：0572-8249626。

（浙江省水产技术推广站　张海琪；浙江清溪鳖业有限公司　王根连）

海水池塘高效清洁养殖技术

一、技术概述

（一）背景

自20世纪80年代起，我国海水池塘养殖业迅猛发展，现有海水养殖池塘已达413 838公顷。但传统的高密度、单养的养殖模式不仅饲料利用率低且对环境负面影响十分严重。2002年，我国黄海、渤海沿岸的海水养殖排氮、排磷量已占当地陆源排放量的2.8%和5.3%，这样的养殖模式是不可持续的。我国改变海水池塘养殖结构、提高饲料利用率、减少养殖污染，实现水产养殖由数量增长转为质量增长已成为国家亟待解决的重大问题。

综合水产养殖（或称为综合养殖）是相对于单种类养殖而言的一种养殖方式。习惯上，人们常把在同一水体养殖几种水生生物的养殖方式称为混养。综合水产养殖是一种易被群众掌握的极为重要的养殖模式，具有资源利用率高、环保、产品多样、防病等优点，它既可以提高水体的产出能力，又可有效降低养殖污染，是海水池塘高效清洁养殖的技术核心，因此，被普遍认为是一种有利于水产养殖业可持续发展的养殖模式。

（二）技术优势

长期以来，在水产养殖生产活动中，人们多片面追求经济效益，不重视生态效益，致使一些水域生态系统失去平衡，给产业和社会带来灾难，反过来也阻碍了经济的可持续发展。

相对于单养系统而言，综合水产养殖系统具有资源利用率高、环保、产品多样、持续供应市场、防病等优点，并被普遍认为是一种可持续的养殖模式。综合养殖模式所依据的原理包括通过养殖生物间的营养关系实现养殖废物的资源化利用，利用养殖种类或养殖亚系统间功能互补或偏利作用平衡水质，利用不同养殖生物的合理组合实现养殖水体资源的充分利用和生态防病等。现代的综合水产养殖就是为实现生态和经济综合效益最大化而设计、建立的养殖模式，实现经济发展和生态保护的"双赢"。我国现有海水养殖池塘413 38公顷，该技术的推广应用将产生十分可观的经济效益、社会效益和生态效益，促进我国海水池塘养殖产业从数量增长型向质量增长型转变。

（三）技术成熟、应用广泛

在国家科技计划的持续资助下，中国海洋大学项目组自1993年至今围绕高效清洁生产主线承担完成了10项国家计划科研任务，率先创建并优化了海水池塘主养对虾、刺参、牙鲆和梭子蟹的养殖模式，为促进海水池塘养殖业增长方式的转变，实现可持续发展提供了高效清洁的养殖模式和关键技术支撑。

该项目的技术成果已在辽宁省、山东省、江苏省和浙江省的多个地区应用，2009—2011年的3年间推广应用面积累计5.77万公顷，新增产值24.0亿元，新增利润13.0亿元，经济效益和环境效益极其显著。先后获得2011年度山东省科技进步一等奖和2012年度国家科技进步二等奖各1项。

二、技术要点

一个养殖水体中产量或产值最高的养殖生物常被称为主养生物，综合养殖中与之混养的生物可称为工具生物。有时，一个养殖水体中主养生物可以有若干个。综合水产养殖中的工具生物（混养生物）经常既是经济生物同时还可起到调控、改善养殖系统水质、底质，减少养殖系统污染物排放，提高养殖效益和生态效益的生物。目前常用工具生物主要包括大型水生植物、沉积食性海参、滤食性或杂食性鱼类、部分肉食性鱼类、滤食性贝类等。因此，合理而高效的综合养殖技术的核心包括主养动物的确定、混养种类的选择、混养比例的优化以及混养方式的选择等。

（一）主养动物的确定

主养动物的确定取决于不同地区的习惯养殖种类、池塘条件、养殖技术水平等，当然，市场价格也是决定主养种类最重要的因素。考虑到地域的差别，在这里仅选择对虾、梭子蟹、牙鲆和海参4种海水养殖种类作为主养动物进行相关的养殖技术介绍。

（二）综合养殖种类的选择

混养生物是综合养殖中的配养生物，也即工具种类。经常既是经济生物同时还可起到调控、改善养殖系统水质、底质，减少养殖系统污染物排放，提高养殖效益和生态效益的生物。常用工具生物主要包括大型水生植物、沉积食性海参、滤食性或杂食性鱼类和滤食性贝类等。除了考虑它们在综合养殖系统的功能，养殖习惯、适应条件等也是必须考虑的因素。

1. 鱼类

考虑到混养鱼类在综合养殖系统的功能，滤食性鱼类应是首选，但海水鱼类中滤食性鱼类较少，可供选择余地不大。其中，遮目鱼是滤食性的，但属于高温种类，国内目前养殖较少；罗非鱼是杂食性兼滤食性，部分种类耐盐性较好，如吉丽罗非鱼等；鲻和梭鱼为杂食性，篮子鱼则以大型藻类等水生植物为食。另外，在凡纳滨对虾养殖中，考虑到生态防病，也可适当混养少量肉食性鱼类，例如革胡子鲇等。

2. 贝类

绝大部分经济养殖贝类都为滤食性，因此，用于综合养殖的贝类种类最为丰富。例如，埋栖性的菲律宾蛤仔、泥蚶、毛蚶、缢蛏、文蛤，水层种类海湾扇贝、栉孔扇贝、牡蛎等。

需要注意的是，埋栖性贝类与梭子蟹混养，应采取一定的防护措施，如在贝类养殖区覆盖防护网，以防止梭子蟹对贝类的捕食。

3. 对虾

对虾也可以作为混养生物。如在梭子蟹、牙鲆和海参为主养种类的养殖模式中均可。在梭子蟹养殖池塘中，对虾利用了梭子蟹早期生物量小而余下的饵料和生活空间，待后期梭子蟹生物量较大时，对虾先于梭子蟹捕捞又为后者腾出了空间和饵料，实现了养殖水体空间和饵料资源的充分利用。而在海参养殖中，刺参具有夏眠和冬眠的习性，其间养殖池塘饵料没有被很好的利用。刺参属底栖沉积食性，不能利用水层中的生物饵料资源。因此，建立池塘内刺参与其生态位互补生物的混养结构对于充分利用水体饵料、空间资源，提高养殖水体的渔产力意义重大。例如，适当混养中国明对虾、日本对虾、凡纳滨对虾均可，当然，不同种类的放养密度、出池规格以及经济效益相互之间差异还是较大的。

4. 大型藻类

大型藻类在生长的过程中可有效吸收水体中的氮、磷等营养盐，在进行光合作用时，还可以产生氧气，可有效调控水质、改善水体环境，减少养殖对自身和周围水体的污染。

大型经济藻类的种类较多，但不同种类对环境条件，尤其是温度的适应性差别较大。例如，脆江蓠（彩图28）、龙须菜、鼠尾藻（彩图29）属低温种类，对高温适应较差。而细基江蓠、细基江蓠繁枝变型、菊花江蓠（图87）等对高温的适应能力比较强，以菊花江蓠对池塘环境的适应能力最强。菊花江蓠由我国台湾省引种，适合于高温季节（适宜生长温度为20～35℃），在热带海区能安全度夏，苗种也容易解决；而且在水体相对稳定的养虾池或养鱼池内也能快速生长，且易操作，成本低，对于营养盐的吸收利用效果也十分明显。

图87　菊花江蓠的形态

　　由于一般池塘水较深，透明度低，底部光线太弱，江蓠无法正常生长，在综合养殖中宜采用吊养方式养殖大型藻类，如筏式养殖。吊养可以采取多种方式与材料进行。现以菊花江蓠为例，对其筏架养殖操作规程予以简单介绍。

　　（1）养殖池的准备　如果与主养对象的养殖一起进行，池塘需做如下处理：排干池水，整理池底，曝晒1～2周。然后引进新鲜海水，鱼类养殖池水深一般为1.0～1.5米。

　　（2）养殖方式　筏架吊养，即将江蓠苗夹于养殖绳，然后吊养于筏架上。

　　（3）筏架结构与吊养操作　筏架一般宽约4米，长度与池塘的长度接近，相邻筏架间距离0.5～1.0米。江蓠种苗用绳子夹苗，苗绳采用直径5～6毫米的塑料绳，每间隔15～20厘米夹1簇江蓠，每簇江蓠重10～15克，苗绳挂于竹筏上，每隔30～40厘米挂1条苗绳，保持苗绳位于水下20～50厘米处，如图88所示。

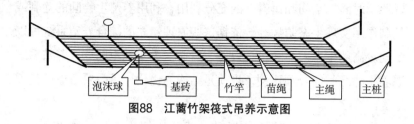

图88　江蓠竹架筏式吊养示意图

（4）密度　为避免江蓠养殖密度太大导致夜间水体缺氧，采取吊养方式的江蓠放养及采收较烦琐，采收期可适当延长，江蓠适宜养殖密度为150～500千克/亩。

（5）密度调节　吊养方式养殖的江蓠采用间绳收获，间绳补苗的方式调节江蓠密度。江蓠起始吊养密度约150千克/亩，30天后采收第一批江蓠，采用间绳采收，每相邻的2条苗绳采收1条，保留1条，采收后的苗绳按75千克/亩的密度回补江蓠种苗。此后每隔25天采收1次，采收的江蓠为上次未收的江蓠，同样再以75千克/亩的密度回补江蓠种苗。如果江蓠的日生长率以3%计，则第一次江蓠采收量约100千克，第二次采收量约300千克，以后每次采收量约250千克。正常情况下江蓠的养殖密度为230～490千克/亩。

（6）采收　收获与密度调节相结合，即间绳收获、间绳补苗。最终收获时将整绳江蓠转移出池塘。

（7）注意事项　江蓠在夜间也会耗氧。为防止夜间耗氧量过大造成水体缺氧，影响养殖动物生存与生长，江蓠的养殖密度不宜过大，一般控制养殖密度为200～500千克/亩。

（三）混养比例的优化

综合养殖模式所依据的生态学原理主要有：通过养殖生物间的营养关系实现养殖废物的资源化利用，利用养殖种类或养殖系统间功能互补作用平衡水质，利用不同生态位生物的特点实现养殖水体资源（时间、空间和饵料）的充分利用，利用养殖生物间的互利或偏利作用实现生态防病等。依据这些原理建立的综合养殖系统可以实现较高的生态效益和经济效益。然而，为实现不同综合养殖系统混养生物之间的合理比例，也就是结构的优化，是需要考虑的最关键的因素之一。

依据主养种类目前确定的相关优化比例。依据不同的主养动物，目前所获得的优化的混养结构差异较大，见表31~表33。

表31　以对虾为主的9种优化的养殖结构

养殖模式	最佳毛产量比
对虾—罗非鱼	1：1
对虾—缢蛏	1：3
对虾—牡蛎	1：6
对虾—海湾扇贝	1：1
对虾—罗非鱼—缢蛏	1：0.3：2
对虾—青蛤	1：0.8
对虾—江蓠	1：5
对虾—青蛤—江蓠	1：1.3：8.3
对虾—毛蚶—江蓠	1：1：5.9

表32　海参主养池塘适宜的混养种类及常见密度

养殖模式	混养生物放养量
海参—中国明对虾	2 000~5 000尾/亩
海参—日本囊对虾	5 000~10 000尾/亩
海参—凡纳滨对虾	20 000尾/亩
海参—海蜇	30~50只/尾
海参—菲律宾蛤仔	300~400只/亩
海参—海蜇—中国明对虾	海蜇80只/亩，中国明对虾4 000只/亩

表33　梭子蟹池塘部分优化混养结构

养殖模式	混养生物放养量
梭子蟹—凡纳滨对虾	30 000尾/亩
梭子蟹—日本囊对虾	12 000尾/亩
梭子蟹—凡纳滨对虾—菲律宾蛤仔	凡纳滨对虾30 000尾/亩 菲律宾蛤仔20 000~40 000只/亩

（四）混养方式的选择

1. 空间利用方式选择

不同混养生物在生态习性上存在差异，因此，在实际操作过程中，具体的养殖方式应该因地制宜。例如，鲻以摄食植物性饵料为主，常以下颌刮食底泥表面的低等藻类和有机碎屑，素有"底泥清道夫"之称；池塘中适当搭配一定数量的鲻有利于减少有机物含量，改善水质。但同时，鲻也摄食一部分对虾饵料，从而与对虾产生争食现象，不利于经济效益的提高。而在池塘中构建围网，将鲻养殖在围网内，开展对虾—鲻网围分隔式混养（图89，彩图30），就可以增强鱼、虾混养的优势，不仅可以有效改善水质环境，也可节省对虾饲料，并提高对虾养殖的成功率。

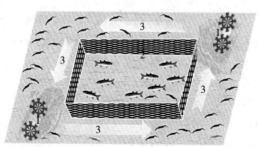

1. 水车式增氧机　2. 围网　3. 水流方向

图89　对虾—鲻网围分隔混养模式

相似的，罗非鱼是一种典型的杂食性兼滤食性的鱼类，对于改善水质具有重要作用。但在对虾与罗非鱼的同池养殖中，罗非鱼会抢食昂贵的对虾饲料（罗非鱼的饲料蛋白质含量低），同时，罗非鱼会因滤食能力很强而迅速抑制、减少整个池塘的浮游动物数量，从而影响罗非鱼对池塘浮游植物初级生产力的间接利用，并影响罗非鱼的生长，而且罗非鱼可能也会残食正在蜕壳的对虾。为此，使用对虾和滤食性鱼类池塘分隔养殖的技术（图90）即可有效解决这些问题。分隔养殖对虾的成活率分别比无网隔的对虾高48.6%和23.7%。除额外获得了罗非鱼产量外，对虾的净产量也分别提高了13.1%和12.5%。另外，该模式还消除了罗非鱼抢食优质对虾饲料的行为，经济效益十分显著。

a   b

图90　对虾和滤食性鱼类分隔式综合养殖模式

池塘面积为36米×14米，鱼被网拦隔在池塘中间7米×14米的区域内

a. 示意图　b. 现场照片

2. 混养时序选择

由于不同混养生物对水温等适应能力以及苗种的可得性差异，混养生物的放养时间也应该因地制宜。

例如，在海参的养殖过程中，池塘可以适当混养大型海藻。但不同的海藻适应温度的差别较大。为此，可以利用多种大型海藻池塘轮替栽培技术，在不同的温度下养殖不同的种类，比如，进行马尾藻、鼠尾藻（温性种）、脆江蓠和龙须菜（高温种）4种大型海藻轮养模式，可实现利用多种大型海藻不同生长栽培周期，达到全年不间断调控池塘水质的效果。测定数据结果显示，池塘大型海藻栽培区硝态氮含量比非海藻栽培区降低30%～45%，氨氮含量比非栽培区低40%～55%，活性磷含量比非栽培区低42%～53%，溶解氧含量是非栽培区的1.5倍左右。

    同样，在大型海参养殖池塘中，可以进行海参、海蜇、对虾与扇贝混养。而这些生物的养殖周期存在差异。在实际操作中，可利用不同生物之间交错的生态位特征和养殖时间，在一个养殖系统内进行多营养层次的复合养殖技术。4月初投放规格为2克左右海参苗种，池塘不需投饵，海参从投放到收获约24个月。6月初池塘内投放海蜇苗种，投放方式采用轮捕轮放方式，6月中旬选择体格强壮，体长1.5～3.0厘米，体重1克左右的中国对虾苗种进行投放。9月下旬海蜇、对虾收获完毕后，于池塘中挂笼养殖海湾扇贝。来年春天，扇贝收获后，准备下一轮的海蜇、对虾放苗。以此循环直至海参收获，如图91所示。

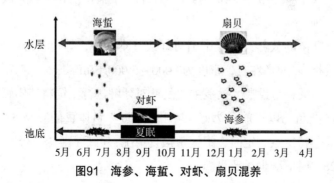

图91　海参、海蜇、对虾、扇贝混养

（五）养殖模式实例

    由于该技术涉及种类和模式众多，无法一一罗列相关的技术要点。在此，仅以牙鲆生态低排放养殖模式池塘牙鲆—缢蛏—海蜇—对虾四元混养模式和海参池塘对虾—栉孔扇贝—海蜇综合养殖模式的操作做一简单的介绍。

1. 池塘牙鲆—缢蛏—海蜇—对虾四元混养模式

（1）池塘改造或建造　由于海蜇养殖需要较大水面，池塘面积以6～10公顷为宜。为养殖缢蛏需要，沿池塘长的方向修建4～6条蛏田，面积占池塘面积的20%～30%。蛏田高度为40～60厘米，宽度为2.5～3.0米。池塘其余部分平均水深2米以上。

（2）苗种放养　牙鲆鱼种的放养：当水温稳定在12℃以上时，即可放养牙鲆鱼种。根据换水条件，放养密度控制在100～150尾/亩，规格为150～200克。

缢蛏苗的放养：缢蛏苗于3月末、4月初放养，规格为4 000～6 000粒/千克，放苗密度为200～250粒/米²。将缢蛏苗直接投放在蛏田上。

海蜇苗的放养：多次放养、分批捕捞，一个养殖周期可放养3～4批。第一批时间为水温稳定在18℃以上5天后放苗。放苗密度为50～70个/亩，苗种规格为4厘米以上。于捕捞前10～15天放入下一批苗种。

对虾苗的放养：放养中国对虾或日本对虾，虾苗在5月中旬放养，规格在1厘米左右，密度为2 000～5 000尾/亩。

（3）饲料与投喂　投喂主要是针对牙鲆进行。饲料使用颗粒饲料或鲜杂鱼（以玉筋鱼为好），日投喂量为鱼体重的3%～5%，投喂时要坚持定点、定时，根据鱼摄食情况，可日投喂1～2次。水温高于28℃时应减少投喂量。

（4）收获　海蜇规格达到3.0千克时开始捕捞。8月下旬，大部分缢蛏规格可达到60只/千克，可进行捕捞，至10月底捕捞完毕；捕捞时将池水放至露出蛏田即可。对虾在养殖周期结束，池水放干时捕获。牙鲆根据市场需求随时采用刺网、地笼网捕捞达到规格个体，剩余个体在池水放干时捕净。

2. 海参池塘对虾—栉孔扇贝—海蜇综合养殖模式

（1）池塘和设施准备　3月初于海参养殖池塘中投放管型人工参礁，并在池塘进水口和排水口设置防护围栏，防止养殖生物逃逸及防止海蜇被风浪吹到池边岩礁受伤。

（2）苗种放养　4月初投放规格约为2克的海参苗种，池塘不需投饵，海参从投放到收获约24个月。

6月初池塘内投放海蜇苗种，投放方式采用轮捕轮放方式，6月中旬选择体格强壮，体长1.5～3.0厘米，体重1克左右的中国对虾苗种进行投放。

9月下旬海蜇、对虾收获完毕后，于池塘中挂笼养殖海湾扇贝。来年春天，扇贝收获后，准备下一轮的海蜇、对虾放苗，以此循环至海参收获，如图92所示。

图92　海参养殖池塘综合养殖模式循环示意

三、增产增效情况

多种类综合养殖技术应用，可以获得更多产品，取得更高收益，同时养殖生物间的相互作用，可以调控水质，互惠互利，增加养殖系统稳定性，降低对外排污，很好地兼顾了池塘养殖的经济效益、生态效益和社会效益。依具体主养种类、养殖模式的差异，增产增效的效果也有所不同。

（一）总推广效益情况

该技术已在辽宁、山东、江苏和浙江省的多个地区应用，2009—2011年的3年间推广应用面积累计5.77万公顷，新增产值24.0亿元，新增利润13.0亿元，经济效益和环境效益极其显著。

（二）不同模式经济效益情况

在牙鲆为主的牙鲆—缢蛏—海蜇—对虾四元混养模式中，各养殖种类的平均亩产量分别为牙鲆81千克、缢蛏150千克、海蜇150千克、对虾5千克。合计总产量386千克。不计海蜇的总产量，比单养牙鲆总产量提高191%。平均每亩池塘净收益4 375元，产出投入比达到2.33。而优化混养结构后的梭子蟹与对虾混养结构比梭子蟹单养产量高3.6倍。刺参夏眠期间混养中国明对虾则可每亩额外收获12.8千克对虾。

（三）不同模式环境效益分析

合理的综合养殖模式可以有效降低养殖活动对自身水体和对近海的排污率，环境效益良好。例如，牙鲆多元养殖模式少向近海排放氮、磷分别为17.1%和11.5%；三疣梭子蟹与凡纳滨对虾混养比单养蟹的氮排放减少96%；刺参与对虾混养，氮、磷的净提取分别为增加2.4倍和0.7倍；以对虾为主优化的结构对水质、底质以及排污率的影响见表34。可以看出，与对虾单养相比，对虾—青蛤—菊花江蓠1∶1.3∶8.3（毛产量比）养殖结构模式的水体中的总氮和总磷含量、底质的总有机碳和氮、磷排污率都大幅度减少，具有显著环境效益。

表34　以对虾为主优化养殖结构改善水质和排污情况

养殖模式	水体		底质	排污率	
	总氮/%	总磷/%	总有机碳/%	氮/%	磷/%
对虾—菲律宾蛤仔	-5.2	-18.2	—	—	—

（续）

养殖模式	水体		底质	排污率	
	总氮/%	总磷/%	总有机碳/%	氮/%	磷/%
对虾—青蛤	−21.3	−10.5	−32.5	−24.5	−17.8
对虾—江蓠	−21.0	−30.1	—	—	—
对虾—青蛤—菊花心江蓠	−42.6	−31.7	−239.8	−109.9	−252.7
对虾—毛蚶—菊花心江蓠	−37.0	−37.5	—	—	—

注：与对虾单养相比，单养取100%，负值表示减少量。

四、应用案例和注意事项

（一）应用案例

1. 三疣梭子蟹、对虾和贝类混养

梭子蟹与对虾、缢蛏（或杂色蛤）混养，是利用贝类生活习性属于埋栖穴居性、食性属于滤食性，而梭子蟹属于捕食性，对虾属于表泥潜伏、抱食性，三者具有不同生活习性，将虾塘进行蛏埕改造后，进行水中梭子蟹、对虾、塘底贝类综合养殖。梭子蟹和对虾的残饵及排出的粪便，可起到肥水作用，促进塘内浮游植物的繁殖，为贝类提供丰富的优质鲜活饵料；而贝类通过在穴内上下移动和水管循环流动，不仅增加了底泥的通透性，保证上、下水层的交换对流，通过贝类的滤食控制了浮游生物的密度，实现了物质的循环利用，稳定和净化了底质、水质，使水环境保持相对的生态平衡和良性循环，实现了水质的新鲜和相对稳定，使三者在同一水体中，互相促进，共同生长。

在江苏省连云港市赣榆区海头镇万亩梭子蟹养殖示范区对这一技术进行了示范推广，共使用养殖池塘32个，单池面积18～40亩，示范池塘面积810亩。其中三疣梭子蟹与中国明对虾、杂色蛤混养模式养殖池塘12个，面积380亩；三疣梭子蟹与日本对虾、杂色蛤

混养模式养殖池塘20个，面积430亩。

示范养殖最终结果表明：示范池梭子蟹平均产量为79.5千克/亩、中国对虾为58.4千克/亩、日本对虾为45.6千克/亩、杂色蛤为82.3千克/亩，较周围常规养殖方式比较，养殖产量增加12.1%，减少排污12.6%，综合效益提高14.6%。

2. 海参池塘对虾—栉孔扇贝—海蜇综合养殖模式

该研究主要利用了不同生物之间交错的生态位特征和养殖时间，在一个养殖系统进行的综合养殖技术。具体操作的技术细节参见养殖模式实例部分。

经过1年的养殖周期，混养池塘中对虾平均体重20克以上，成活率达到40%以上，每亩对虾产量可达到12千克以上；海蜇平均产量达到400千克/亩；扇贝平均壳高为5.9厘米，平均体重24.8克，每笼平均产量约为1.1千克；混养池塘中海参平均体重为50克以上，显著高于单养池塘中的海参体重，混养池塘中单位面积海参成活率也显著高于单养池塘。

混养池塘中的海参春、秋季节大量摄食可显著减少底泥有机营养物质含量，混养池塘中通过海参的摄食作用可将底泥中颗粒有机碳、颗粒有机氮及总磷含量分别降低28.4%、21.4%及28.1%。混养过程中获得了较单养池塘更多的产量，同时也能实现养殖系统自我净化，减少有机营养负荷，具有显著的经济效益和环境效益。

（二）注意事项

1. 因地制宜选择模式和种类

我国沿海海水养殖面积广阔，养殖种类众多，模式多样，因此，具体的养殖模式和种类的选择应该因地制宜，根据当地的养殖实际进行选择。例如，江苏沿海滩涂地区多以三疣梭子蟹养殖为主，可选择与对虾以及杂色蛤（或缢蛏）等混养模式为主；在山东和大连沿海，以主养海参为主，可选择与不同种的对虾、鱼类以及海蜇等混养；在广东、福建、广西等南方地区，多以对虾为主养对象，可选择与不同种类的鱼类混养。

2. 控制合理的放养规格与放养时间

在不同种类的混养中，把握好不同种类的放养规格与放养时间也是多种类混养的关键技术之一。例如，在以牙鲆为主养种类的养殖模式中，牙鲆鱼种放养密度一般控制在100～150尾/亩，规格为150～200克。缢蛏苗规格为4 000～6 000粒/千克，放苗密度为200～250粒/米^2。海蜇苗多次放养、分批捕捞，一个养殖周期可放养3～4批。第一批放苗密度为50～70个/亩，苗种规格为4厘米以上。对虾苗放养中国对虾或日本对虾，虾苗在5月中旬放养，规格在1厘米左右，密度为2 000～5 000尾/亩。而在蟹虾混养模式中，一般来讲，混养的中国对虾或日本对虾规格为1.0～1.5厘米，放养密度为1.5万～7.5万尾/公顷。幼蟹规格为700～1 600只/千克时，放养密度为3.0万～3.3万只/公顷；幼蟹规格为2.6万～3.0万只/千克，放养密度为6.0万～7.5万只/公顷。

3. 合理的管理方法与措施

由于不同混养生物对环境条件要求的差异，在实际的养殖管理中，也要采取合理的养殖方法与措施。例如，在蟹、虾、贝类综合养殖模式中，贝类的养殖面积控制在20%以下较为合理，超出该范围，水质过于清澈满足不了贝类摄食需求，也不利于虾、蟹生长，而蛏埕以上水深以1米左右为宜，过深容易导致贝类缺氧；缢蛏放养时间必须在清明前，否则当年达不到商品规格。同时，为了防止梭子蟹对混养贝类的残食，一般需要在贝类养殖区覆盖防护网。在以对虾为主与鱼类混养的模式中，为防止杂食性鱼类对对虾饵料的争食或肉食性鱼类对对虾的过度残食，可以采取围网分隔混养的方式。

适宜区域：我国沿海池塘养殖区。

技术依托单位：中国海洋大学水产学院。

地址：山东省青岛市鱼山路5号，邮编：266003，联系人：董双林，田相利，联系电话：0532-82032117，电子邮件：dongsl@ouc.edu.cn。

（中国海洋大学水产学院　董双林，田相利）

低碳高效池塘
循环流水养鱼技术

一、技术概述

（一）技术定义

低碳高效池塘循环流水养鱼技术（low carbon and high efficiency in-pond raceway aquaculture technology）是池塘养鱼和流水养鱼的技术集成。该技术是数十年来美国大豆出口协会在中国推广80：20池塘养殖模式的技术转型和技术升级，它将传统池塘的开放式"散养"模式创新为新型的池塘循环流水"圈养"模式，这是水产养殖理念的再一次革新。在流水池中"圈养"吃食性鱼类的主要目的是控制其排泄粪便的范围，并能有效地收集这些鱼类的排泄物和残剩的饲料，通过沉淀脱水处理，再变为陆生植物（如蔬菜、瓜果、花卉等）的高效有机肥。这样，我们既可以解决水产养殖的自身污染，消耗能源和水土资源等根本问题，同时又做到化废为宝，增加养殖户的经济效益。总之，低碳高效池塘循环流水养鱼技术具有较高的社会效益、经济效益和生态效益。

（二）技术背景

1. 中国淡水养殖现状

中国水产养殖在世界上占有举足轻重的地位。2012年中国水产品总产量为5 907.68万吨，比2011年增长5.43%。其中，海水和淡水养殖产量为4 288.36万吨，占总产量的72.59%，同比增长6.59%。中国水产品人均占有量43.63千克。2012年中国淡水养殖产量2 644.54万吨，淡水养殖总面积5 907 476公顷。其中，池塘养殖面积2 566 859公顷。全国池塘养殖平均单产为7 116千克/公顷（475千克/亩）。池塘养殖仍是中国淡水养殖的主要方式，其产量占淡水养殖总产量的70.6%。

2. 中国淡水养殖面临新挑战

虽然中国的淡水养殖历史悠久，养殖水平较高，但也面临许多新的问题与挑战，严重地制约了中国水产养殖业的可持续发展。目前，中国淡水养殖业存在的突出问题主要有以下几点。

（1）水土资源缺少　中国现有人口已超过13亿，21世纪我国人口将继续增长，预计2030年将达到人口高峰。中国现有淡水资源总量为2 800亿米³，占全球淡水资源的6%左右，世界排名第四。但是人均资源只有2 300米³，仅为世界平均水平的1/4，是全球人均水资源最贫乏的国家之一。除此以外，中国农业用水量约占总水量的70%左右。中国的土地资源特点是"一多三少"，即总量多，人均耕地少，高质量的耕地少，可开发后备资源少。中国现有的耕地面积排世界第四位，仅次于美国、俄罗斯和印度，但是人均耕地面积仅有1.4亩，还不到世界人均耕地面积的50%。因此，中国的水土资源缺少严重地影响了水产养殖业的可持续发展。

（2）养殖水环境污染日趋严重　由于养殖户缺少先进的科学养殖理念，盲目提高放养密度和产量，过度追求经济效益，会导致大量的残剩饲料和鱼类排泄物在养殖水环境中不断积累，造成水体富营养化，直接导致鱼类病害的频发，甚至产生大面积的死鱼。据不完全统计，中国每年因病害造成的水产养殖直接经济损失超过百亿元。

（3）养殖设施简陋，养殖模式有待于进一步创新　中国淡水养殖池塘多数建于20世纪60—70年代。由于养殖模式的落后和多年来未得到有效的治理和修复，淤泥沉积严重，直接影响了养殖产量和经济效益。目前养殖户为了提高单产，主要是通过定期大量换水来改善养殖水环境，这样不仅会浪费水资源，还会加剧周围河流、湖泊等公共水域的富营养化程度。据农业部2002年太湖流域农业面源污染调查资料显示，每年长江三角洲地区鱼类池塘养殖向外排放总氮10.08千克/亩；总磷0.84千克/亩。传统的池塘养殖模式在一些地区已对周围环境造成很大的压力，已成为重要的面源污染源。近年来，中国各级政府都在投入大量的人力、物力和财力进行老池塘改造，其主要目的是改善养殖设施，进一步提高池塘生产力。如果我们不改变现有的养殖模式，也许数十年后有必要重新改造池塘。

（4）膨化浮性饲料使用普及率较低　饲料配方和加工工艺有待进一步改进。虽然膨化浮性饲料使用量在逐年增长，但大多数养殖户仍使用沉性饲料。与膨化浮性饲料相比，沉性饲料在水中稳定性差，利用率低，浪费较大。另外，养殖户难以准确控制投饲量，造成水体富营养化，氨氮往往超标。据研究资料表明，池塘中氮的输入来源中，饲料占90%~98%；而磷的输入来源中，饲料占97%~98%。因此，饲料中氮、磷除小部分供给养殖鱼类的正常生长外，绝大部分沉积池底，造成浪费和水体污染。

（5）池塘生产力逐年下降，养殖户收入减少　虽然中国池塘养殖历史悠久，单产较高，但是池塘的生产力在逐年下降。池塘生产力主要指池塘养殖容载量，即每亩池塘可以承载多少水产品生物量，这是产量的基础。我们从事水产养殖的目的是提高单位面积产量和生产效益，使生产利润最大化。池塘生产力也包括池塘天然生产力，即光合作用效率或池塘固定太阳辐射能的能力。因此，池塘养殖的承载能力极大地受到池塘天然生产力的制约。在池塘养殖生产中，养殖户往往只考虑如何提高池塘的载鱼量，而忽视池塘天然生产力的能量输入，结果池塘的天然生态系统就无法承受高载鱼量带来的严重的污染，造成池塘生态系统崩溃，引发各种疾病，形成恶性循环，结果是高产不高效，最终导致养殖户的经济效益在逐年下降。除此以外，由于各种生产成本的上涨（包括饲料、人工、水电、塘租等），池塘养殖的效益也有所下降，甚至出现亏本。

综上所述，中国的池塘养殖业已经面临严峻的挑战，我们必须要进行传统养殖模式的创新和养殖技术的升级，这样才能保证其实现可持续发展。

（三）技术优势

与传统池塘养殖模式相比，低碳高效池塘循环流水养鱼技术具有以下优点：① 有效地提高产量和生产业绩；② 大幅度地提高成活率，由于鱼类长期生活在高溶氧量的流水中，成活率可达到95%以上；③ 提高饲料消化吸收率，降低饲料系数；④ 采用的气提式增氧推水设备可以降低单位产量的能耗；⑤ 实现零水体排放，减少污染；⑥ 提高劳动效率，降低劳动成本；⑦ 多个流水池可以进行多品种养殖，避免单一品种养殖的风险；同时，也可以进行同一品种多规格的养殖，均匀上市，加速资金的周转；⑧ 大大减少病害发生率和药物的使用，增加了水产品的安全性；同时，提高养殖水产品的质量；⑨ 日常管理操作方便，起捕率达100%；⑩ 有效地收集养殖鱼类的排泄物和残剩的饲料，从根本上解决了水产养殖水体的富营养化和污染问题；⑪ 实现室外池塘工程化养殖管理，物联网监控，加速中国渔业现代化的进程。

（四）技术特点

低碳高效池塘循环流水养鱼技术模式有利于实现室外池塘的工厂化管理、集约化养殖，符合中国水产养殖业的健康养殖发展理念，符合资源节约、环境友好的现代水产养殖业发展方向，能够广泛应用于池塘养殖生产，推动中国池塘养殖技术转型和升级。总之，低碳高效池塘循环流水养鱼技术模式具有较高的社会效益、经济效益和生态效益。

二、池塘循环流水养鱼系统与配套设施

（一）流水养鱼池设施

中国池塘养殖模式发展于20世纪70年代末，近年来许多传统养殖池塘面临水域环境恶化、养殖设施老化、养殖病害频频发生、质量安全隐患逐年增多等突出的问题，为了确保低碳高效池塘循环水养鱼技术的顺利实施，在兴建流水养鱼设施之前，首先对原有的池塘进行必要的整修和改造。

1. 老池塘改造

在进行老池塘改造时，要彻底清除淤泥污物，池塘的面积最好不低于20亩，否则会增加单位投资成本。池塘的朝向也要考虑是否有利于风力搅动水面，增加溶氧量，从而减少大塘内增氧推水设备的能耗。在进行池塘改造的同时，要考虑到塘埂顶面有一定的宽度，一般为3~5米。塘埂的坡比为1∶（1.5~3.0），这取决于池塘的土质、池深、是否有护坡等因素。建议流水养鱼的大池塘要进行护坡，这样可以确保池塘年复一年地使用，无需再干塘清淤维修。目前，常用的护坡材料有水泥预制板、混凝土、防渗膜等。在老池塘改造后，要确保池塘不漏水，水深常年维持在1.7米以上，因为流水池的单产与水深有着密切的关系。

2. 流水养鱼池塘的条件

流水养鱼池塘要选择水源充足，无污染的水源。如能利用地势自流来进、排水为佳，以节约动力提水的能源成本。养殖用水的水质必须符合《渔业水质标准》（GB11607—1989）的规定。流水养鱼池塘应选择电力供应稳定、交通运输便利的地方兴建。

（二）池塘循环流水养鱼系统设计与建造

低碳高效池塘循环流水养鱼系统由流水养鱼池、废弃物沉淀收

集池、拦鱼栅、增氧推水设备、底层增氧设备、吸污装置和备用发电机组成。

1. 流水养鱼池

考虑到设备安装和生产操作方便等因素，流水养鱼池通常应建在大池塘的长边一端。建造流水养鱼池的材料应根据当地的资源，因地制宜。主要材料包括有钢筋混凝土、砖石、玻璃钢及软体材料（如塑胶布）等。流水养鱼形状为长方形，其规格为长22米，宽5米，水深1.5～1.8米。流水养鱼池与大池塘的面积比例一般控制在1.5%～2.0%范围内，但应根据养殖的不同品种和单产作相应的调整。

2. 废弃物沉淀收集池

在流水养鱼池的下游连接废弃物沉淀收集池。其收集池的下游建有50厘米高的矮墙，供收集鱼类粪便之用。废弃物沉淀收集池的长度与数个流水池宽度之和相等，其宽度为3米。废弃物沉淀收集池底与流水养鱼池底为同一水平。

3. 吸污装置

吸污装置（彩图31）由自吸泵和废弃物收集沉降分离塔组成。鱼类排泄物及残饵可以通过人工吸污、半自动化吸污和全自动化吸污排除。目前，国内已有单轨和双轨自动吸污装置。从废弃物沉降塔底部收集的固体可以直接用作花卉、蔬菜种植等的高效有机肥。另外，废弃物收集沉降分离塔中的上清水再通过溢水口进入池塘循环使用。

4. 拦鱼设施

流水养鱼池一般是将片状铅丝网、不锈钢网或喷塑铁丝网绷夹在滤网框上，安装在流水池上、下游的插槽内，作为拦鱼设施。网片孔目的大小应根据养殖鱼类的品种和规格而定。

5. 微孔气提式增氧推水设备

微孔气提式增氧推水设备（彩图32）是低碳高效池塘循环流水养鱼成败的最重要设备之一，通常被称为是池塘循环流水养鱼系统的心脏。在微孔气提式增氧机系统中，曝气管和鼓风机是最核心的配件，两者在功能上也是相互制约和促进的。高效、耐用、高压的鼓风机可以克服曝气管的通气阻力，把空气源源不断地输入到养殖池中；低压、多孔、不堵塞的曝气管也可以保证鼓风机在工作过程中，不过载、安全持续地运行。反之，鼓风机压力不够，不耐用，或曝气管在使用过程中堵塞都会导致曝气系统不能正常运行，直接威胁养殖鱼类的生命安全，尤其在高密度集约化养殖系统中要特别注意这两种核心配件的选择。

（1）鼓风机的选型和选用 鼓风机种类很多，目前水产上常用的有漩涡鼓风机和罗茨鼓风机，漩涡鼓风机又可分为单段漩涡鼓风机和双段漩涡鼓风机。不同类型的鼓风机适用的通气阻力范围是不同的。另外，鼓风机长期在最大通气阻力下工作会降低鼓风机主要配件的使用寿命，尤其是漩涡鼓风机的长期工作阻力最好不要超过其最大工作压力的70%。

（2）曝气增氧系统通气阻力的组成 曝气增氧系统的通气阻力来自3个方面：① 风机出气口至曝气管之间的压力损失。管路越细，越长，弯头越多，压力损失越大。美国大豆出口协会采用的气提增氧系统管路总长只有几米，而且管路直径的总截面积之和大于鼓风机的出气口的截面积，实测压力损失小于1千帕，基本可以忽略不计。② 曝气管的通气阻力。普通曝气管，如果微孔数量不够，通气阻力就比较大，在使用过程中很容易孳生微生物，并形成厚厚的生物膜从而堵塞曝气管，使管路的通气阻力越来越大，最终不仅增氧效率降低，同时也会造成鼓风机过载，烧毁。③ 通气水深：10厘米的通气水深会产生1千帕的通气阻力，1米就会有10千帕。

综上所述，在鼓风机选型上，首先要确定增氧系统的通气阻力，并根据通气阻力选择合适的鼓风机。目前，在水产养殖的实际应用上，根据我们的生产经验总结如下：① 单段漩涡鼓风机在通气水深70～80厘米以内有比较好的增氧效率和运行的稳定性；② 双段漩涡鼓风机在通气水深80～150厘米范围内有比较好的增氧效率和运行的稳定性；③ 在通气水深超过1.5米的情况下选择罗茨鼓风机有比较好的增氧效率和运行的稳定性；④ 相对于漩涡鼓风机，普通罗茨鼓风机噪声比较大，可能会对周围环境产生比较大的噪声污染，影响周边及养殖人员的安静需要，同时罗茨鼓风机的成本也相对较高。

微孔气提式增氧推水机设备，通气水深在80厘米左右，因此，完全可以选用低噪声及安全性比较高的双段漩涡鼓风机。

（3）流水养鱼池的流量与流速　流水养鱼池的流量调节是流水养鱼的关键技术之一。从理论上来讲，根据某一养殖阶段内的流水养鱼池的体积、载鱼量、所养品种在当时的水温、规格下的耗氧来计算单位时间内的耗氧量，这样就可以计算出所需的流量大小。流量与流速密切相关，一般情况下，流速越快，流量越大，水中溶氧量越高，产量就会增加，但是，如果流速超过养殖鱼类适应流速的范围，鱼类会为克服流速消耗能量，从而影响其生长。除此以外，如流速太快会直接影响到鱼类排泄物的沉降率和收集效果。总之，流速过快或过慢都会直接影响到鱼类排泄物的收集效果。一般情况下，建议流水养鱼池每4～6分钟换水1次，流速为4～5米/分钟。这些参数主要取决于养殖的品种和规格以及流水池的载鱼量。

（4）地层微孔增氧设备　除了在每个流水养鱼池的上游安装有独立的微孔气提式增氧推水设备外，在每个流水池还要安装底层增氧设施，以防养殖后期载鱼量过高造成缺氧死亡。此外，底层增氧设施也可以作为应急时补救的一种增氧措施。

6. 发电机

在池塘循环流水养鱼系统中，备用发电机（图93）是必不可少的设备。

图93　备用发电机

三、池塘循环流水养鱼技术指南

（一）水质管理

池塘循环流水养鱼的水质管理目标是为养殖鱼类提供一个无应激，符合鱼类正常、健康生长的水环境。水质管理是养殖生产的重要环节，它会直接影响到鱼类的生长速度、鱼产量、饲料系数、鱼体健康和生产业绩等。为了确保池塘循环流水养鱼池的良好水质，除了每天坚持定时吸污外，还要提高吸污处理的效率。

（二）鱼种放养

1. 养殖品种

一般情况下，所有能摄食膨化浮性饲料、适应于高密度集约化养殖的鱼类都是可以在池塘循环流水池中养殖。通常包括草鱼、鲤、鲫、罗非鱼、黄颡鱼、斑点叉尾鲴、团头鲂、乌鳢、加州鲈等。大池塘净化区通常放养滤食性鱼类，搭配少量肉食性鱼或套养虾类，但不投放任何营养物质。同时也可以种植水生植物和蔬菜等，以帮助净化水质。

2. 鱼种放养前的准备工作

新建的流水养鱼池在放养鱼种之前必须做好必要的准备工作。首先，要进行试水运行工作，检查微孔气提式增氧推水设备的运行情况、水体交换状况、进水和排水、吸污设施是否达到设计要求。同时检查改造后鱼池的质量、保水性能等。在放水之前要仔细检查拦鱼设备是否安装到位，以防鱼类的逃逸。其次，要认真做好消毒工作，在池塘注水之前，要用生石灰全池消毒，这样不仅可以杀灭池中的野杂小鱼及有害生物，而且可消灭鱼类的致病细菌、寄生虫等。同时，还可以改良池底土质。池塘注水后再用消毒剂进行全池泼洒消毒，确保池水在放养鱼种前是干净、安全、可靠的。另外，鱼种在出塘转运前1~2天，也需要对鱼体进行一次消毒。

3. 鱼种质量和数量

鱼种的质量和数量是池塘循环流水养鱼技术能否取得成功的关键因素之一。放养的鱼种除了具有较好的遗传性状外，要选择规格整齐、体质健壮、体表完整、无畸形、无病、无伤的鱼种放养。要想获得流水养鱼池的高产，还必须有足够数量的鱼种。在不同的流水池中既可以养殖不同品种，避免养殖单一品种的市场风险；也可以养殖不同规格的相同品种，做好均匀上市，加速资金的周转。

（三）饲料与投饲技术

饲料质量的好坏会直接影响到鱼类生长速度、饲料转换率、鱼体健康状况、养殖水环境、能源的消耗及经济效益。池塘循环流水养鱼必须使用全价膨化配合饲料。因流水池养殖鱼类密度大，池水又不断地流动，需要一定的投饲技术和管理。为了防止膨化浮性饲料的流失，在流水池下游1/3处需悬挂密网片，下沉水面20~30厘米为宜。投饲可采用机械和人工两种投喂方法，应掌握少量多次，均匀投饲的原则。一般要求全部摄食到九成饱为止，每次投饲时间为15～20分钟，每天投喂4～6次。同时，应根据水温的高低，调节投饲量，这样可以有效地提高饲料的转换率。

（四）定时吸污

做好吸污工作是保持水质良好的一项重要措施。流水养鱼由于高密度集约化养殖，鱼类排泄物会随水流流入废弃物沉淀收集区。如果不能及时地吸污，会恶化水质，造成疾病的发生，最终会导致鱼类的大量死亡。吸污的次数应根据养殖鱼类的大小和水温的高低而定，一般建议每天定时吸污2～4次。

（五）病害防治

流水池内养殖密度大，发病后更容易相互传染，故蔓延速度极快，死亡率高。因此，流水养鱼应以预防鱼病为主，治病为辅的原则。在养殖期间，定期对流水池中养殖的鱼类进行消毒。一般建议7～10天消毒一次，可以采用不同的消毒剂，交换使用，以提高防病的效果。在消毒时，先在流水池下游拦鱼栅前挂1片软体材料，以阻挡水体流动增加药效。消毒剂要均匀稀释，全池泼洒，以防鱼体损伤。

（六）养殖记录

做好养殖记录是池塘循环流水养鱼的日常管理的重要工作之一。在养殖过程中，要完整记录鱼种放养、投饲、用药、能耗等情况，定期抽样检查鱼类的生长情况，以便及时调整投饲量。

（七）捕捞上市

池塘循环流水养鱼技术可以在无需干塘的情况下，使起捕率达到100%，这样既降低劳动成本，又减少能源的消耗。为了获得较高的养殖经济效益，要及时了解鱼类的生长情况和市场价格，做到及时上市。每一种养殖鱼类都有其最佳生长时期，如最佳生长时期过后，其生长速度开始减慢，饲料转化率下降，这时饲料成本会大大增加。所以养殖鱼类已达到出池规格就应及时上市，这样才能达到池塘循环流水养鱼高产、高效的目的。

四、应用案例与示范推广

美国大豆出口协会于2013年首次与江苏省苏州市吴江水产养殖公司合作，在平望养殖场进行了低碳高效池塘循环流水养鱼技术的示范试验（彩图33）。

（一）材料与方法

1. 池塘条件

首先，将原有的3口小池塘改造成1口面积为32亩的大池塘。然后在大池塘的一端兴建3个流水池，供养殖吃食性鱼类。3个流水池的建造规格分别为（长×宽×高）：22米×5米×2米，22米×5米×2米，22米×3米×2米。所有流水池上游都安装气提式增氧推水设备（彩图32）。流水池下游连接鱼类排泄物沉淀收集池，其规格为13米×3米×2米。另外，大池塘四角也安装相同规格的气提式增氧推水设备，使池塘池水形成大循环流动，保持良好的水质。试验池塘的有效水深为1.5米。1号、2号流水池用于草鱼的商品鱼生产，3号流水池用于草鱼的鱼种生产（图94）。

水源为长漾湖泊水，水质符合国家二类、三类水质要求，符合《渔业水质标准》。试验期间，试验池不换水，只补注新水，以补充自然蒸发和渗漏造成的水体损失。

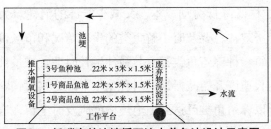

图94 低碳高效池塘循环流水养鱼池设计示意图

2. 鱼种放养

5月初将大规格草鱼鱼种分别放入1号、2号流水池，其放养规格分别为750克和300克；3号流水池于7月17日放养当年繁育的小规格草鱼鱼种，规格为4.1克。本示范试验于5月20日正式开始投喂饲料。3个流水池的草鱼放养数量见表35。流水池外的大池塘净化区适当搭配放养不同规格的鲢、鳙，主要起净化水质的作用，不投放任何营养物。

表35 流水池草鱼鱼种放养记录

流水池编号	规格/(千克·尾$^{-1}$)	尾数/尾	总重量/千克	放养密度/(尾·米$^{-3}$)
1	0.75	8 732	6 549	53
2	0.3	9 687	2 906	59
3	0.004	30 000	120	303

3. 饲料与投饲技术

草鱼成鱼投喂美国大豆出口协会配制的32/3豆粕型膨化浮性饲料；草鱼鱼种投喂36/7大豆浓缩蛋白（SPC）膨化浮性饲料。所有试验饲料由美国大豆出口协会提供配方，浙江省宁波天邦股份有限公司生产。投喂地点选择在流水池的上游。投喂量根据草鱼摄食情况稍作调整，实际投饲量采用90%饱食投饲法。根据草鱼在不同生长阶段的规格大小，3个流水池分别选用不同粒径的饲料进行投喂。具体投喂方法和频率见表36～表39。

表36　1号流水池投喂饲料粒径和方法

日期	饲料粒径（直径）/毫米	草鱼规格/（克·尾⁻¹）	投喂方法
5月1日至6月14日	3	750～999	流水池上游、静水时投喂
6月15日至10月15日	8	>1 000	流水池上游、静水时投喂
10月16日至11月13日	8	>1 000	流水池上游、静水时投喂

表37　2号流水池投喂饲料粒径和方法

日期	饲料粒径（直径）/毫米	草鱼规格/（克·尾⁻¹）	投喂方法
5月1日至6月14日	3	300～500	流水池上游、静水时投喂
6月15日至10月15日	8	>500	流水池上游、静水时投喂
10月16日至11月13日	8	>500	流水池上游、静水时投喂

表38　3号流水池投喂饲料粒径和方法

日期	饲料粒径（直径）/毫米	草鱼规格/（克·尾⁻¹）	投喂方法
7月18日至8月16日	1.5	4～25	流水池上游、静水时投喂
7月17日至10月15日	3.0	>25	流水池上游、静水时投喂
10月16日至11月13日	3.0	>25	流水池上游、流水投喂

表39　流水池草鱼日投喂频率

日期	每日投喂次数/次	投喂时间
5月1—19日	1～2	不定时投喂
5月20日至10月31日	4	08：00、10：30、14：00、16：30
11月1—13日	3	10：00、14：00、16：30

4. 日常管理

在生产季节每天24小时安排人员轮流值班，随时查看鱼的摄食、鱼体健康、溶氧量以及设备运行情况，务必注意暴雨、大风等易造成停电事故的情况发生；每天用抄网检查集污池底部的废弃物收集情况，及时把废弃物用吸污泵吸出，以免其漏出集污池而污染水质；及时把死鱼、病鱼捞出，做好日常记录。试验过程中详细记录饲料、用药、能耗等生产成本，以便在试验结束后计算出净收入和投资回报率。每月对试验鱼进行打样称重。在试验结束时，分别计算出草鱼的平均体重、毛产量、净产量、饲料系数和成活率以及生产成本和收益情况。

5. 病害防治

在池塘循环流水养鱼管理工作中，要认真做好防病、治病工作。尤其是在7—8月，水温较高，鱼类生长速度快，是疾病多发的季节。该阶段疾病的预防最为关键。笔者建议坚持"无病早防、有病早治、防重于治"的原则，每隔7天左右用强氯精等消毒剂进行消毒。另外，要仔细观察鱼体表是否有寄生虫，一旦发现有寄生虫应及时采取措施，使用相应的杀虫药物治疗。

（二）试验结果

1. 养殖产量

试验结果表明，1号流水池的草鱼收获规格为2 614克/尾，成活率为94.5%，总产量为21 568千克，其平均单产为130.7千克/米^3（图95）；2号流水池的草鱼收获规格为1 660克/尾，成活率为85.3%，总产量为14 223千克，平均单产为86.2千克/米^3；由于3号流水池草鱼放养规格小，放养时间晚，其收获规格为80克/尾，成活率为56.2%，总产量为1 348千克，平均单产为13.6千克/米^3。净化大池塘的鲢、鳙预计产量平均为120千克/亩。尽管该示范试验开始较晚，加上鱼种数量严重不足，在第一年示范试验中，3个流水池和净化大池塘的总产量为40 979千克，折合成32亩的平均产量为1 281千克/亩。2014年养殖产量将有大幅度提高。

图95　江苏省苏州市吴江水产养殖公司池塘循环流水养鱼示范试验收获情况

2. 经济效益

该试验的生产投入包括池塘租金、鱼种费、饲料费、劳力费、电费，共计458 021元。根据当年的市场行情计算，可获得毛收入545 405元，获得净利润87 384元，平均净利润为2 730元/亩；投资回报率为19.1%。

3. 综合效益

低碳高效池塘循环流水养鱼技术能大大地提高劳动效率，降低劳动强度；用于防病治病的药量很低，确保水产品的质量安全；同时真正做到零水体排放，废弃物再利用。

4. 低碳高效池塘循环流水养鱼技术综合评价

2013年的示范试验结果表明，低碳高效池塘循环流水养鱼技术有利于实现室外池塘工厂化管理，高效集约化养殖，符合中国水产养殖业的健康养殖、可持续发展理念，从而实现低碳高效、节能减排、质量安全和环境友好型的现代化水产养殖业的发展目标。

在2013年示范试验期间，近千名来自全国各地的水产行政、科技人员及养殖企业和养殖户到江苏省苏州市平望水产养殖公司试验基地参观学习，产生了较大的社会影响。目前，低碳高效池塘循环流水养鱼技术已在北京、山西、安徽（彩图34）、江苏（图96）等省、直辖市推广应用。2014年该技术已被江苏省海洋与渔业局列入重点水产养殖技术之一在全省推广应用。全省将有数十家水产养殖企业开始应用该技术，兴建流水养鱼池的总面积达2万米^2。总之，低碳高效池塘循环流水养鱼技术在中国将具有广阔的推广前景和重大应用价值。

图96　南京市水产科学研究所兴建的池塘循
环流水养鱼池

技术依托单位：美国大豆出口协会。

地址：上海市延安西路2201号国际贸易中心1802室，邮编：200336，联系人：周恩华。

（美国大豆出口协会　周恩华）

工厂化循环水养殖技术

一、技术概述

（一）定义

循环水养殖（closed culture with circulating water）是指通过物理、化学、生物技术对养殖水进行净化处理，使全部或部分养殖水得到循环利用的养殖方法。根据养殖水的特点，封闭式循环水养殖的水处理工艺流程一般包括：固体颗粒物去除（solid particle）、有机物分离（organic matter removal）、生物净化（biological purification）、脱气（degasity）、增氧（oxygenation）、调温（temperature regulation）和杀菌消毒（sterilization）等。

（二）技术背景

渔业是我国国民经济的重要组成部分。节能减排是建设现代渔业的重要标志，也是实现渔业可持续发展的重要举措。2007年，农业部制定《中长期渔业科技发展规划（2006—2020）》，将渔业节能减排列为重点任务。2008年，农业部渔业局设立节能专项，相继完成了渔业全行业的能耗与节能情况调查，提出以渔船节能为重点，推进了水产养殖等各领域节能减排工作。循环水养殖具有节水、节地、减少污染物排放、养殖密度高、养殖鱼类生长速度快、经济效益高，产品绿色无公害等优势，是工厂化养殖节能减排的重要抓手。

（三）解决的主要问题

我国海水鱼类工厂化养殖规模达560万米^2，主要养殖方式为"温室大棚+深井海水"的流水养殖，该养殖方式需要抽取大量的地下海水。随着养殖规模的不断扩大，流水养殖对地下海水资源的过度开采和大排大放，在部分地区引发了地下海水资源匮乏、地面沉降、海水倒灌、土地盐碱化、近岸水质污染加重、疾病频发、产品质量下降等一系列影响沿海渔民生产、生活和产业可持续发展的重大问题。

（四）技术成熟度

"九五"以来，在国家高技术研究发展计划项目、国家科技支撑计划项目的大力支持下，中国水产科学研究院黄海水产研究所牵头相继开展了"工厂化鱼类高密度养殖设施的工程优化技术""工厂化养鱼关键技术及设施的研究与开发""工程化养殖高效生产体系构建技术研究与开发""现代工程化养殖技术集成与示范""工厂化海水养殖成套设备与无公害养殖技术""节能环保型循环水养殖工程装备与关键技术研究"等相关课题的研究。技术上取得的进展如下：① 突破了快速过滤、生物净化和高效增氧3项关键技术。② 通过对部分水处理设备的设施化改造，进一步优化了系统配置，提高了系统各处理单元间的耦合性和系统运行的稳定性，大幅降低了系统的构建成本与运行能耗。③ 开展了生物膜培养、系统快速启动和系统内氮、磷迁移规律与调控机制的研究，完善并熟化了生物净化技术。④ 开展了循环水高密度养殖条件下鱼类摄食、生长、营养需求、饲喂管理及其他生理参数变化规律的研究，全面提升了循环水养殖技术水平和系统运行管理水平。⑤ 开展了养殖废水资源化利用与无害化处理技术研究，利用人工湿地和鱼、藻、虾混养及参、藻、虾混养技术实现了养殖废水的"零排放"。⑥ 开展了水质自动在线监测、自动报警和智能识别技术研究，首次把计算机技术、数字化信息传输技术引入到循环水养殖管理，提高了循环水养殖自动化、智能化管理水平。

（五）先进性与应用价值

"十二五"研发的节能环保型循环水养殖系统结构合理、功能完善，建设成本是国外同类产品的1/10，单位运行成本比传统流水养殖降低20%，水循环利用率达到80%以上，养殖密度是流水养殖的3~5倍，生长速度比流水养殖提高30%~100%，系统操作管理简单，运行平稳。该系统目前已在辽宁、河北、天津、山东、江苏、浙江、海南等沿海地区进行了推广应用，推广面积达17.3万米^2。

（六）获奖情况

相关成果获国家海洋局科技创新一等奖、山东省科学技术发明三等奖。

二、技术要点

（一）养殖车间建设

1. 养殖车间布局

循环水养殖车间大小主要取决于建设场地大小，常见的循环水养殖车间跨度为14~16米、长度为65~90米。车间内部分为操作管理区、养殖区、水处理区和进水与排水区，单套系统的有效水体控制在200~500米^3，为降低车间建设与运行管理成本，可采用多连体设计（图97）。

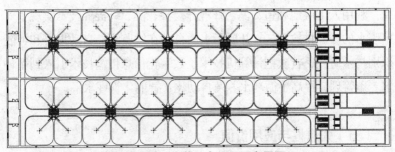

图97 循环水养殖车间平面布置图

2. 养殖池建设

养殖池以圆形、圆角形为宜，圆角直径一般为养殖池直径的1/2；养殖池可采用玻璃钢、PE塑料或砖混结构，砖混结构池面需做适当的防水处

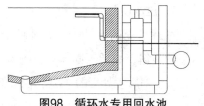

图98　循环水专用回水池

理，并刷养殖专用油漆；养殖池大小应根据养殖品种而定，普通养殖池直径为5~7米，大型游泳性鱼类养殖池直径可适当增加至7~10米；养殖池深1.0~1.5米，可通过专用回水池来调节养殖池水位（图98）；池底坡度为1:15，排水管位于养殖池中心最低处，排水管大小取决于养殖水流量，通常为11~16厘米，排水管在池壁外侧与主回水管相连；进水管置于车间两边的池台上，采用切向进水。

3. 车间保温

为了保持水温稳定，减少控温能耗，循环水养殖车间都要求采用保温设计，在北方地区，车间墙体要求采用37砖墙（砖墙体厚37厘米）或24砖墙（砖墙体厚24厘米）+发泡聚氨酯保温处理，长江以南地区，墙体采用24砖墙即可；车间棚顶保温是车间保温的重点，目前常见的保温方式有以下几种。

① 塑料膜：采用2层塑料薄膜，2层塑料薄膜间留有20厘米左右的空气隔热层。

② 保温棉：内层为无滴膜，中间为10~20厘米的玻璃丝棉或石棉，保温层外再覆盖一层塑料薄膜，外层是起保护作用的毛毡。

③ 发泡聚氨酯：屋面采用玻璃钢波纹瓦或彩钢瓦，内层喷涂3~8厘米厚的发泡聚氨酯。

④ 保温彩钢板：直接铺盖8~15厘米厚的保温彩钢板。

（二）主要水处理设备

1. 过滤设备

过滤是养殖水处理的首要环节，主要是通过物理方法滤除养殖水中的残饵、粪便等固体颗粒物质，使水变清，同时也是为了减少残饵、粪便对后续处理的影响。常见的有砂滤罐、滚筒微滤机和弧形筛。

砂滤罐又分重力砂滤和高压砂滤，过滤介质为海砂或石英砂；砂滤罐过滤精度较高，但需要经常进行反冲洗，水流不稳定，高压砂滤还需要很大的动力能耗，因此，很少在循环水系统内使用，多用于养殖水的预处理。

滚筒微滤机由外蒙筛绢或金属丝网的转鼓、中心传动轴、冲洗喷嘴、接污漏斗、传动电机和冲洗水泵组成；使用时2/5转鼓浸没在水中，养殖水沿轴向进入转鼓，经筛网流出，水中颗粒物被截留于滤网内面，当截留在滤网上的颗粒物被转鼓带到上部时，被筛网外侧的反冲洗水冲到接污漏斗内流出，从而实现固、液两相分离。滚筒微滤机的过滤介质为100～300目筛绢，过滤精度30～70微米，具有自动反冲洗功能，动力能耗1.1～4.0千瓦。

弧形筛又称DSM（disbed screen machine）筛，过滤介质为丝状金属板，水产用弧形筛丝宽一般为1.5毫米、丝距100～200微米，倾角6°，筛面曲率68.8，安装夹角36°～38°；弧形筛的优点是占地少、造价低、无能耗、安装方便，过滤精度50～70微米，使用过程中需要定时进行人工冲洗。

2. 气浮设备

气浮是利用微气泡表面张力，吸附、聚集养殖水中的悬浮颗粒物和可溶性有机物，常见的气浮设备有蛋白质泡沫分离器和气浮泵。

蛋白质泡沫分离器（protein skimmer）又称蛋分器、化氮器，由进水管、PVC或玻璃钢桶体、高压射流泵、文丘里管、泡沫收集斗、排沫管、出水管组成，蛋白质泡沫分离器处理效率与桶内水流速度、流态、进气量、微气泡粒径、气水混合时间有关，蛋白质泡沫分离器还具有增加水中溶解氧和脱除CO_2的作用。目前，蛋白质泡沫分离器多与臭氧联合使用，这样又使蛋白质泡沫分离器增加了氧化水中有机物、分解氨氮、消毒杀菌和脱色、除味等功能。

气浮泵是污水处理中常用的有机物分离设备，由潜水泵、进气管和多向射流管构成，潜水泵叶轮在旋转过程中产生负压，通过进气管吸入空气，再在叶轮切割下形成微气泡经多向射流管射出，气浮泵的优点是造价低、安装简单、气量大。

3. 生物净化设备

生物净化是指以细菌、微藻、大型海藻或水生植物等生物体为介质来吸收、分解养殖水中氨氮、亚硝酸盐、磷酸盐、有机物等对养殖生物有毒、有害物质的水处理过程。生物净化设备根据生物填料状态分为固定床生物滤池和移动床生物滤池。

固定床生物滤池多以立体弹性填料为生物填料，通常分3级，养殖水在生物滤池间呈波浪形流动，固定床生物滤池的体积通常设计为养殖有效水体的35%以上，生物滤池底部设计成漏斗状，漏斗底部布设多空排污管；固定床生物滤池具有造价低廉、通透性好、具有截污功能、排污顺畅等优点。

移动床生物滤池多以石英砂、多孔塑料环为生物填料，通常分2级，固定床生物滤池的体积通常设计为养殖有效水体的15%以上；移动床生物滤池具有占地少、处理效率高，并兼具一定脱气功能。

4. 脱气设备

鱼类代谢及生物净化过程中会产生大量的CO_2，CO_2在水中大量富集容易导致养殖水pH下降，养殖水pH低于7.5不但会影响鱼类的摄食与生长，而且会抑制生物膜的生物净化作用，解决循环水养殖水pH下降问题是国外研究的重点和难点。常见的脱气设备有脱气塔和微孔曝气池。

脱气塔是利用滴流和跌流原理，养殖水从高处以滴流形式跌向跌流板，再以滴流形式跌向下一级跌流板，脱气塔内养殖水与空气接触充分，脱气效率高，但跌流过程要损失一定势能。

微孔曝气池是利用微孔增氧的原理，通过纳米气石、微孔管等增氧设备向养殖水中充入大量空气，利用气泡与水体的接触实现气体的交换，微孔曝气池建设成本低，技术容易掌握。

5. 消毒杀菌设备

常见的消毒杀菌设备有紫外线消毒杀菌器和臭氧发生器。

紫外线消毒杀菌器是循环水养殖最常用的杀菌设备，紫外线具有杀菌效率高、广谱、安装方便等特点，在海水中紫外线的有效波长为（253±10）纳米，循环水养殖系统内紫外线的功率配置与单位流水量相关，一般以6瓦/（米^3·小时）为宜。

在循环水养殖系统中，臭氧的作用表现为三个方面：① 杀菌消毒。臭氧不但可以杀灭各种细菌，而且对紫外线不能杀灭的寄生虫、寄生虫卵、真菌及真菌孢子体等具有很强的杀伤力。② 分解氨氮。1个臭氧与1个氨氮结合生成二氧化氮和水。③ 脱色、除味。臭氧一般与气浮同时使用，臭氧的添加量可以通过水体的氧化还原电位来控制，氧化还原电位的设定值为（350±10）毫伏。

6. 增氧设备

循环水养殖密度是传统流水养殖的3～5倍，普通的空气增氧无法满足溶氧量需求，一般要求在系统中添加纯氧，纯氧的来源可以是分子制氧机，也可以是工业用液氧罐，添加设备常见的有锥形溶氧器、管道溶氧器和气水对流增氧池。

管道溶氧器由PVC管体、氧气流量计、水泵、注入器、接触式混合器叶片和余氧回流管路构成，管道溶氧器调节方便，溶氧效率达到99%以上。

气水对流增氧池由上进水管、纳米增氧板和出水管组成，气水对流增氧池结构简单、造价低廉、维护简单，但溶氧效率只有75%左右，气水对流增氧池是目前国内使用最多的增氧方式。

（三）水处理工艺集成与优化

1. 水处理工艺集成

目前，国内、外所建循环水养殖系统的水处理工艺多种多样，但均采用了沉淀、过滤、气浮、生物净化、消毒杀菌、脱气、消毒等关键水处理技术。我国的循环水养殖起步晚，"九五"至今，突破了快速过滤、生物净化和高效增氧3项关键技术，研发了一大批具有自主知识产权的水处理设备，并形成了针对不同养殖品种的形式多样的循环水养殖系统。"十二五"期间，笔者在"十一五"工作基础上，从生产实践和广大养殖企业的实际需求出发，研发了节能环保型循环水养殖系统，该系统由弧形筛、潜水式多向射流气浮泵、三级固定床生物净化池、悬垂式紫外消毒器、臭氧发生器、以工业液氧罐为氧源的气水对流增氧池组成，具有造价低、运行能耗低、功能完善、操作管理简单、运行平稳等显著特点。目前已在辽宁、河北、天津、山东、江苏、浙江、海南等沿海省、直辖市推广应用，推广面积17.3万米^2。具体工艺流程如图99所示。

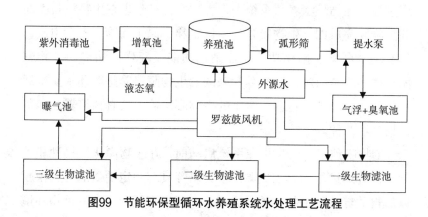

图99 节能环保型循环水养殖系统水处理工艺流程

2. 水处理工艺优化

以无动力设备或低能耗设备取代高能耗设备，如以弧形筛取代滚筒微滤机、以低扬程变频离心泵或轴流泵取代潜水泵和管道泵、以微孔曝气池取代脱气塔、以工业液氧罐取代分子筛制氧机、以气水对流增氧池取代管道溶氧器和锥式溶氧器，最大限度降低系统造价的同时，大幅降低了系统的运行能耗。

通过合理的高程设计，采用一级提水后梯级自流完成养殖水在系统内的循环，大大降低了系统的水动力能耗。

发明了新型多功能回水器，通过该回水器可以任意调节养殖池水位，还可以使系统内任一养殖池脱离系统外流水养殖，进一步拓展了系统对不同养殖品种的适养性，提高了系统防病控病能力。

优化了生物净化池与养殖水体的配比、截污排污能力和养殖水在生物净化池内的流态，系统运行更加平稳。

3. 生物膜培养

生物净化是水处理的核心，生物净化是指以细菌、微藻、大型海藻或水生植物等生命体为介质来吸收、分解养殖水中氨氮、亚硝酸盐、磷酸盐、有机物等对养殖生物有毒、有害物质的水处理过程。在循环水养殖系统中，生物净化是附生在生物填料表面的生物膜完成的，生物膜是指由微生物、原生动物、多糖组成，具有生物降解、硝化功能、亚硝化功能及硫代谢功能的生物絮团。生物膜是通过人工培养起来的，生物膜培养是循环水安全运行的重点和难点。目前，常用的生物膜培养方法有预培养法和负荷培养法两种。

生物膜预培养法是指在系统启动前，在生物净化池接种相关菌种，并通过添加人工氮源，事先培养具有一定消氮能力的菌膜以后再放养养殖生物，试验表明：高温、高氨氮、高有机物环境有利于生物膜培养，生物膜预培养时间一般需要20～45天，预培养的生物膜在系统启动以后，由于人工氮源培养的微生物不能很好地适应养殖生物代谢氮源，系统运行20天左右往往会发生一次"脱膜"现象。

生物膜负荷培养法是指系统建好后，直接放养养殖生物，通过控制投喂量、补充新水量和养殖密度，把养殖水中的氨氮、亚硝酸盐浓度控制在既满足生物膜生长所需的营养条件，又不影响养殖物生长的安全浓度，生物膜负荷培养需要50～80天，初始养殖密度应控制在10千克/米³之内，初始补充新水量应控制在50%左右，随着水质指标的好转而逐渐加大养殖密度、减少新水补充量。

三、增产增效情况

（一）增产情况

循环水养殖系统内的养殖微生态环境（水温、溶解氧、密度、水流、水质、光照等）全部受人工调控，从而为养殖生物提供了一个适宜、稳定的生长环境，养殖生物在循环水养殖下的生长速度比流水养殖提高20%～100%（图100）、养殖密度是流水养殖的3～5倍。如大菱鲆流水养殖密度一般为10～15千克/米²，商品鱼养殖周期12个月，而循环水养殖密度可达40～50千克/米²，养殖周期缩短为10个月；红鳍东方鲀流水养殖密度为15千克/米³左右，商品鱼养殖周期需18个月，成活率50%左右，而循环水养殖密度可达45～55千克/米²，养殖周期缩短为12个月，成活率提高至90%以上。虽然目前我国的循环水养殖密度与国外相比还存在很大差距，但经过近几年的生产实践，循环水的增产效应已得到广大养殖企业的认同。

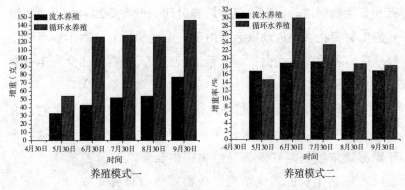

图100　大菱鲆在两种养殖模式下绝对生长速度与相对生长
　　　速度的比较

（二）节能增效情况

通过对主要水处理设备的节能改造和水处理工艺的节能优化，节能环保型循环水养殖系统的运行能耗是"十一五"所建系统的1/2，是国外同类系统的2/5（表40）。

表40　节能环保型循环水养殖系统与"十一五"及国外养殖系统的设备配置
　　　与运行能耗对照

功能	节能环保型循环水养殖系统		"十一五"以前的循环水系统		瑞典Wallenius Water的循环水系统	
	设备配置	功率/千瓦	设备配置	功率/千瓦	设备配置	功率/千瓦
固体颗粒物去除	弧形筛	—	微滤机	2.2	微滤机	2.2
泡沫分离	多向射流潜水式气浮泵	2.2	蛋白质泡沫分离器	1.5	蛋白质泡沫分离器	1.5
生物净化	以立体弹性填料为附着基的固定床	—	以PVC压缩板为附着基的固定床	—	以多空塑料环为附着基的移动床	—

（续）

功能	节能环保型循环水养殖系统		"十一五"以前的循环水系统		瑞典Wallenius Water的循环水系统	
	设备配置	功率/千瓦	设备配置	功率/千瓦	设备配置	功率/千瓦
脱气	罗茨鼓风机、微孔曝气池	1.25	空气压缩机	5.5	罗兹鼓风机	5.5
增氧	液氧罐、气水对流增氧	—	制氧机、管式溶氧器	5.35	液氧罐、锥式溶氧器	—
消毒杀菌	臭氧发生器、悬垂式紫外消毒器	3.0	管式紫外消毒器	4.0	高级氧化反应器	2.4
水动力设备	低扬程变频离心泵	7.5	低扬程离心泵	8.0	低扬程离心泵	21.0
其他	—	—	—	—	水质在线监测系统	0.2
合计	—	13.95	—	26.55	—	32.8

循环水养殖车间的建设成本与运行能耗要高于流水养殖是一个不争的事实。然而，笔者通过对天津立达海水资源开发有限公司、青岛卓越海洋科技有限公司大菱鲆养殖及大连天正实业发展有限公司河鲀越冬养殖的跟踪调查，受养殖密度增高和养殖周期缩短的影响，大菱鲆循环水养殖的单位运行成本只有7.28元/千克，相比流水养殖下降了14.05%，河鲀循环水越冬养殖的单位运行成本相比换水越冬养殖更是下降了25.02%（表41），因此，从单位运行成本来看：循环水养殖节能效果非常明显，而且，随着水处理技术和系统管理水平的提高，循环水养殖节能空间巨大。

表41　循环水养殖与传统流水养殖单位运行成本比较

养殖品种与养殖方式	大菱鲆养殖		河鲀越冬养殖	
	循环水养殖	流水养殖	循环水养殖	流水养殖
功率配置/千瓦	13.95	8.00	13.95	5.00
水交换频次/（次·天⁻¹）	18	6	18	1
新水补充量/%	10	600	10	100
控温方式	30千瓦水源热泵	—	2吨燃煤锅炉	2吨燃煤锅炉
养殖水温/℃	18	18	21	18
养殖密度/（千克·米⁻³）	30	15	35	20
养殖周期/月	10	12	5	5
成活率/%	95	95	90	50
单位运行成本/（元·千克⁻¹）	7.28	8.47	6.80	9.07

（三）减排情况

　　循环水养殖使90%以上的养殖水得到循环水利用，节水减排效果明显。以1 000米³有效养殖水体的养殖车间为例，循环水养殖比流水养殖日减少排放养殖污水5 900米³，经测算，循环水的单位耗水量只有流水养殖的1/144（表42）。

表42　循环水养殖与传统流水养殖单位运行成本比较

养殖方式	循环水养殖	流水养殖
日耗水量/米³	100	6 000
养殖密度/（千克·米⁻³）	30	15
养殖周期/月	10	12
单位耗水量/（米³·千克⁻¹）	1	144

四、应用案例和注意事项

（一）应用案例

大连天正实业开发有限公司位于辽宁省大连市，主要从事红鳍东方鲀苗种繁育、养殖与贸易，其红鳍东方鲀年养殖规模达200万尾，过去红鳍东方鲀越冬一直是公司最头疼的问题，越冬期间，红鳍东方鲀不但体重下降，而且容易受淀粉裸甲藻、车轮虫、小瓜虫等寄生虫的侵扰，整个越冬期需要不停地药浴，越冬平均成活率不到50%，并存在严重的产品质量安全隐患。为此，该公司于2011年8月投资1 000万元建设11 000米^{2}循环水养殖车间，共8个联体大棚，16套循环水养殖系统，有效养殖水体7 500米^3，当年越冬红鳍东方鲀120万尾，越冬成活率98.7%，越冬期平均增重50%以上，养殖密度38千克/米^3。循环水养殖为该公司发展增添了后劲。

秦皇岛粮丰生态科技开发股份有限公司位于河北省昌黎县茹荷镇，主要从事半滑舌鳎、大菱鲆、红鳍东方鲀的工厂化养殖，2012年该公司投资5 000万元建成30 000米^{2}循环水养殖车间，目前养殖半滑舌鳎140万尾，大菱鲆40万尾，红鳍东方鲀10万尾。半滑舌鳎养殖5个月平均体重达到133克，平均养殖密度92尾/米^2；大菱鲆养殖8个月平均体重521克，平均养殖密度60尾/米^2；红鳍东方鲀养殖7个月平均体重376克，平均养殖密度67尾/米^3。2014年4月13日该公司组织相关专家进行并通过了现场验收。

（二）注意事项

① 越冬红鳍东方鲀来自于室外土池和海上网箱，入池前应进行严格的挑选，挑选体表无明显病灶和寄生虫的个体，入池时大小分开，并进行必要的消毒处理。

② 半滑舌鳎和大菱鲆苗种选购应挑选个头均匀、体色正常、

摄食活跃的个体，入池前进行必要的消毒处理。

③ 红鳍东方鲀越冬与养殖水温控制在21℃左右，半滑舌鳎养殖水温控制在21～22℃，大菱鲆养殖水温控制在18℃左右，养殖期间要求水温日变动小于0.5℃。

④ 加强水质监测，并根据水质指标调节饲喂量和补充新水量，保持水质稳定。

适宜区域：全国所有工厂化循环水养殖。

技术依托单位：中国水产科学研究院黄海水产研究所。

地址：山东省青岛市南京路106号，邮编：266071，联系人：曲克明，朱建新，联系电话：0532-85836341。

（中国水产科学研究院黄海水产研究所　曲克明，朱建新）

循环水养殖水质
在线监测及智能增氧系统

一、背景

近年来，水产养殖已成为农民增收的主要渠道之一，然而传统的水产养殖却给水环境和水生态带来了一定的负面影响。

（1）高密度、高产量的养殖模式引起的自身污染。许多单位和个人为了提高产量，片面地追求高密度、高产量。这势必要在养殖方式上提高投饲量和换水量，而残饵、粪便的增加使池塘负荷量加大，池塘水质的富营养化加剧。

（2）水库、湖泊网箱养殖布局不合理，放养密度远远超过环境承受能力从而导致自身污染。这种情况使得国家一些大型水库、湖泊的水环境恶化或超标，不仅出现了死鱼现象，且破坏了当地人民赖以生存的水环境。

（3）不能因地制宜，而是片面追求新品种养殖，从而影响生态效益和社会效益。近两年在各地兴起了鲟、大菱鲆、河鲀等的养殖热潮。无论有无条件都在建工厂化养鱼池，拼命开采有限的地下水资源。这些养鱼池以往基本依赖抽取地下水进行流水养殖，耗水量大，又缺少地下水修复措施，严重浪费了水资源，破坏了自然环境和社会效益。

（4）在养殖技术上还没有全面推广健康养殖模式，未能有效地运用微生物技术控制池塘生态系统，使池塘少排水或不排水。养殖过程中大部分仍然使用抗生素或消毒剂，池塘进、排水不易分开，疾病交叉感染概率高。

（5）管理缺陷。缺乏对水产养殖发展的政府行为，使个体分散养殖不能形成一定规模的产业化。养殖户特别是新的或改行从事水产养殖的养殖户素质较低，有关知识欠缺或不能做到活学活用，对水产养殖的基本常识和鱼病及其检疫认识不足，没有掌握多发病的流行特点和防治措施，不重视对水质的监测与管理，制约了水产养殖的进一步发展。

（6）盲目选择苗种。苗种问题表现为数量和质量不稳定，部分种类种质退化严重。有不少苗种场只顾眼前利益，不注意亲鱼品种的更新和选育，造成品种退化，抗病力下降，容易产生疾病，成活率降低。因此，降低了饵料的利用率，相对增加了化学药品的使用，加重了水环境的污染。

（7）节能减排意识淡薄，节能减排效果较差。在水产养殖中，未能建立相应节能减排的设施和管理系统，节能减排效果较差。

二、循环水养殖水质在线监测及智能增氧系统简介

该系统立足养殖业可持续发展，倡导节能减排养殖、生态农业、安全生产并举的健康养殖理念。养殖水环境好坏，尾水是否能达标排放，是否使用循环水养殖方法零排放，这些都是影响水产品质量安全和有效控制渔业生产对环境破坏的重要因素，因此，越来越多地被各级地方政府所重视。

所谓循环水养殖就是指从养殖池排出的尾水经过生态湿地、生物材料等多种处理后，又可以从进水口进入养殖池作为养殖用水，这是循环水养殖的主要特点。目前循环水养殖技术已被引进各种高效渔业基地。针对这种特点所设计的水质在线监测及智能增氧系统，能动态监测水体的温度、pH、溶解氧含量、电导率、化学耗氧量和氨氮浓度，根据水环境性状变化自动（手动）启动调水设备智能增氧或换水。该系统采用站房式监测的布置方法，采用GPRS无线通信方式，对所监测区域水体的pH、溶解氧、温

度、化学耗氧量、电导率等进行实时的监测。工作人员在监测控制中心通过计算机系统，实时了解被监测水域的水质情况，随时检测有关指标，及时对相关数据进行汇总分析，做出水质状况的判断，在水质发生变化时，养殖户可通过个人手机对目标水体进行及时调节（如启动增氧或换水），在日常生产管理中也可自主设定手动、自动、定时3种智能调水模式，对水质进行管理。由此，可以对水资源进行有效处理并加以循环再利用，从而起到安全养殖、节能减排的作用。

三、水质在线监测及智能增氧系统的意义

目前，我国水产养殖水质监控还处于较低水平，多数采取经验法，即利用目测比较，随意性很大。如何提高水质监控能力，推广普及规范化的水质监控手段，是摆在生产管理者和科技工作者面前的重要课题。

多参数水质实时检测监控就是利用现代传感器技术、自动测量技术、自动控制技术、计算机应用技术以及相关的专用分析软件和通信网络所组成的系统，该系统通过对养殖水体中一些主要影响鱼类生长和健康的参数进行量化分析，进而采取相应措施调控水质，确保水质符合安全需求。自动监测和控制的主要参数一般有色、味、pH、NO_3^-、NO_2^-、NH_4^+、PO_4^{3-}、化学耗氧量、挥发性酚、石油类、六六六、滴滴涕、乐果、甲基对硫磷、氟化物、马拉硫磷、Hg、As、Cu、Cr、Cd、Pb等。

水质在线监测及智能增氧系统的意义有：① 彻底改变过去靠经验养鱼的历史，开启水产养殖的新篇章，对池塘养殖环境进行量化管理，提高养殖的科学性。② 减轻从业人员的劳动强度，提高劳动效率。③ 实现节能减排，由于对各项指标能精确测量与控

制，做到精准增氧、精准投喂，减少换水次数与用电量，经初步试验，可节能减排50%。④ 提高产品品质，由于水质的改善，鱼病明显减少，用药减少，产品品质将有明显提升。⑤ 不仅能有效提高经济效益，同时，有利于实施水产养殖标准化，严格控制投入品的使用，池塘水质的净化循环使用，从而保证养殖生态系统的良性循环，减少水产养殖面源污染，提高生态环境质量。⑥ 为促进我国水产养殖的科技进步和产业升级，实现我国水产养殖业增长方式的转变提供技术保障。

四、养殖环境水体参数分析

养殖水体的溶解氧供养殖动物、水生动物及浮游动物呼吸之用，可以氧化分解有毒有害物质，供水中需氧型的有益微生物繁殖生长，以抑制厌氧型的有害菌的繁殖，减少养殖动物的病害发生。另外，pH作为水质标准的一个重要参数不仅是环境污染的一个重要指标，而且在实际生产过程中也有相当的参考价值。如果看到一个养殖水体pH偏低，又没有外来的特殊污染，就可以判断这个水体有可能硬度偏低，腐殖质过多，二氧化碳偏高和溶氧量不足，同时也可以判断这一水体植物光合作用不旺或者养殖动物的密度过大以及微生物受到抑制，整个物质代谢系统代谢缓慢；如果pH过高，也可能是硬度偏高，植物繁殖过于旺盛，光合作用过强或者池中腐殖质不足。同样，水温也是水产生物生活条件中极其重要的因子，水温一方面直接影响着养殖对象的生理代谢活动，同时间接影响养殖生物的生长发育。化学耗氧量是指在一定的条件下，水中的还原性物质在外加的强氧化剂的作用下，被氧化分解时所消耗氧化剂的数量，单位为"毫克/升"。化学耗氧量反映了水中受还原性物质污染的程度，这些物质包括有机物、亚硝酸盐、亚铁盐、硫化物等，但一般水及废水中无机还原性物质的数量相对不大，而被有机物污染是很普遍的，因此，化学耗氧量又往往作为衡量水中有机物质含量多少的指标，化学耗氧量越大，说明水体受有机物的污染越严重。通过水质在线监测系统的监测、分析等可以及时掌握水环境中各种成分的比例，并进行及时调节，从而有利于为养殖生物提供有利的生存环境，保证水产品的质量。

五、循环水养殖水质在线监测及智能增氧系统技术路线

（一）系统具备功能

彩图35以J-SZ水产养殖水质在线监测及智能管理系统为例对该系统技术路线进行简要说明。在应用过程中同时应具备以下功能。

1. 多参数采集功能

可选择性地对养殖水体的溶解氧、pH、温度、NH_3-N、化学耗氧量进行实时、分时、定时采集。

2. 多渠道查看功能

由于信息传输采用先进的Wifi物联网无线共享技术，养殖户、监管者随时随地均可通过互联网、个人手机等信息终端设备及时了解养殖水体的各项监测指标变化。

3. 水质智能控制功能

在水质发生变化时，养殖户可通过个人手机对目标水体进行及时调节（如启动增氧或换水），在日常生产管理中也可自主设定手动、自动、定时3种智能调水模式，对水质进行管理。

4. 太阳能供电及无线传输功能

整套系统采用无线、无源、主动抗干扰设计，最大限度保障安装的施工方便和数据的准确性，同时具有抗雷电破坏作用。

5. 图表分析功能

对水环境的不同参数变化提供多种图表分析功能，如曲线图、趋势图、直方图。

（二）增产增效情况

循环水养殖水质在线监测及智能增氧系统主要通过对液位、pH、溶解氧、水温等数据进行监测，如果低于界定范围则通过自动启动处理设备，超出界定范围则通过自动关闭处理设备的方式进行数据控制。通过使用该设备体系可使水生动物在饲养周期中每亩节省用电30%，每亩节省用工成本500元左右，每亩可实现增产5%左右，养殖周期水质达标天数增加6%左右。

（三）技术分析

循环水养殖水质在线监测及智能增氧系统共分3个技术模块（图101）：在线监测、智能增氧、智能换水。

1. 在线监测技术

（1）技术构成　通过液位探测仪、pH探头、溶解氧探头将探测到的数据传入WINDOWS服务并保存到数据库中。监控程序通过与服务对接获取数据，并显示在屏幕中进行监控。如果监测服务检测到液位在界定范围外，则自动调用换水服务、启动换水机。当检测到液位超过最小界定范围则自动关闭换水机。如果检测服务检测到溶解氧在界定范围外，则自动调用增氧服务、启动增氧机。当检测到溶解氧超过最小界定范围则自动关闭增氧机。

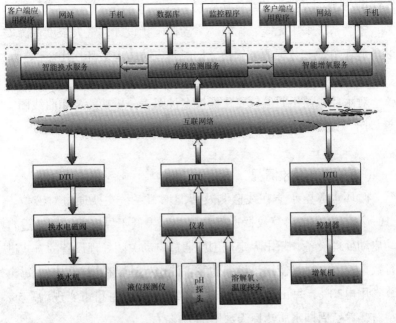

图101 循环水养殖水质在线监测及智能增氧技术构成图

（2）技术组装 液位探测仪、pH探头、溶解氧探头连接仪表，仪表接入DTU（无线通信终端设备），通过互联网络与在线监测服务（WINDOWS监测服务）对接，最后由在线监测服务将数据写入数据库和发送到监测客户端。

（3）在线监测界面 如彩图36所示。

2. 智能增氧技术

（1）技术构成 通过客户端应用程序（PC端）、网站（WEB）、手机对智能增氧程序进行设置（包括手动开启、界定范围设定、定时设定），借由智能增氧服务配合在线监测服务通过互联网络将执行命令发送到DTU中，通过控制器来控制增氧设备的开启与关闭。

（2）技术组装　增氧机连接控制器，接入DTU中。通过互联网络与智能增氧服务对接。智能增氧服务通过客户端应用程序、网站、手机中的应用程序来进行控制。

（3）智能增氧设置界面　如图102所示。

3. 智能换水技术

（1）技术构成　通过客户端应用程序、网站、手机对智能换水程序进行设置（包括手动开启、界定范围设定、定时设定），借由智能换水服务配合在线监测服务通过互联网络将执行命令发送到DTU中，通过换水电磁阀来控制换水设备的开启与关闭。

图102　智能增氧设置界面

（2）技术组装　换水机连接换水电磁阀，接入DTU中。通过互联网络与智能换水服务对接。智能换水服务通过客户端应用程序、网站、手机中的应用程序来进行控制。

（3）智能换水设置界面　如图103所示。

图103　智能换水设置界面

（四）应用案例

江苏省苏州市相城区阳澄湖现代渔业产业园（国家级），由于2007年5—6月太湖蓝藻大规模污染，对太湖的水产养殖造成了巨大的经济损失。经过排查发现主要原因在于流域水体有机污染和湖泊富营养化。经此事件后阳澄湖现代渔业产业园引入循环水养殖水质在线监测及智能增氧系统，以此减缓水体的富营养化，在引入体系的同时也获得了巨大的收益。

阳澄湖现代渔业产业园总面积12 000亩，养殖品种为河蟹、青虾，养殖模式为混合养殖，生产周期7个月，上市时间为9月中旬至12月底。使用循环水养殖水质在线监测及智能增氧系统之前亩产量为130千克，亩用电量为500千瓦时，亩人工成本为1 000元，亩产值为6 800元，养殖周期水质达标天数为185天。使用后较之前有明显效益提升，亩产量提升至150千克，亩用电量降至430千瓦时，亩人工成本降至800元，亩产值提升至8 000元，养殖周期水质达标天数为196天。按照总面积12 000亩计算，使用系统前的年总产值为8 160万元，使用系统后的年总产值为9 600万元，年增效为1 440万元，由2007—2013年引入系统开始计算，总增效为1.008亿元。在为社会做出节能减排贡献的同时，也为该企业取得了巨大丰厚的利益。

江苏省苏州市相城区阳澄湖现代渔业产业园（国家级）系统使用前后对照见表43。

表43　系统使用前后效益对照

类别	使用前	使用后	收益
亩产量/千克	130	150	增收20
亩用电量/千瓦时	500	430	节约70
亩人工成本/元	1 000	800	节约200
亩产值/元	6 800	8 000	增收1 200
养殖周期达标天数/天	185	196	增加11

六、循环水养殖水质在线监测及智能增氧系统建设内容

结合当地养殖的具体情况，建设内容如下（主要分为4个监测点）。

（一）进水口监测点的建设

1. 太阳能供电系统的安装

太阳能供电系统由太阳能板、太阳能控制器和蓄电池组成。具体连接方式见图104。

① 将电瓶的正、负极通过导线连接在太阳能控制器的第三、第四端子上。

② 将太阳能板（表44）引出的导线的正、负极连接在太阳能控制器的第一和第二端子上。

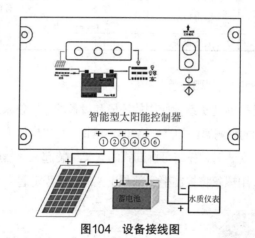

图104　设备接线图

③ 将仪表和DTU（图105）的电源线的正、负极连接在太阳能控制器的第五和第六端子上。

图105　DTU

所有线缆必须都分清楚正、负极后再进行连接，否则设备无法正常运转，电瓶连接时小心正、负极短路，有可能造成电瓶烧坏或人员烧伤。

表44　太阳能控制器指示灯说明

LED指示灯	状态	指示内容	功能
Charge	充电指示	常亮	电池板有电压
		常灭	电池板无电压
		闪烁	浮充状态
Load	输出指示	常亮	有输出
		常灭	无输出
Time	欠压报警	闪烁	无输出

2. 控制柜的定制和安装

控制柜是根据现实系统使用的环境和设备的布局独家定制的，在材质上面使用的是耐腐蚀的高规格304不锈钢，可以应付绝大多数恶劣的气候环境。安装时首先将可拆卸式的支架组装起来，然后将控制柜放在底座上，用螺丝将控制柜底部与支架的底座固定起来（图106）。

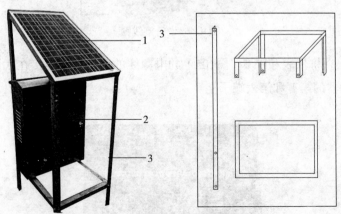

图106　太阳能板、仪表箱和支架

1. 太阳能板　2. 不锈钢仪表箱　3. 可拆卸式支架

3. 电气设备的安装和调试

将水质仪表和DTU的电源负极线直接连接在太阳能控制器输出端的6号端子上。再将水质仪表和DTU的电源正极线连接在断路器的下端，上端则直接连接在太阳能控制器输出端的5号端子上面（图107）。

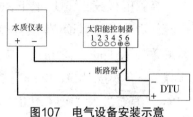

图107　电气设备安装示意

4. 监测探头的安装调试

1）探头的安装

探头分为pH探头和溶氧/温度探头，pH探头是一根两芯线（图108）组成的信号线，其中屏蔽线连接仪表的REF端子上，透明线连接仪表的INPUT端子上。溶氧/温度探头是一根四芯线组成的信号线，分黑色、白色、红色、黄色分别对应连接表上的ATC、DO-和DO+（黑、白线不分正反）。具体连接方法如图109所示。

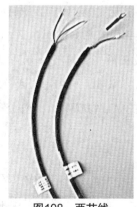

图108　两芯线

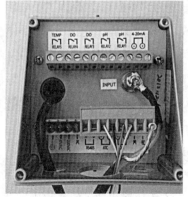

图109　探头接线

2）探头的调试

溶氧电极校正：① 取下保护头，将电极清洗干净置于空气中，待温度及溶氧读值稳定。② 先按"MODE"按钮一下，把溶氧的单位从"ppm"转换成"%"（如原来就是"%"，则可跳过此步骤）。③ 长按"CAL/VIEW"进入警告界面。④ 连续短按"CAL/VIEW"直至进入"DO CALIBRATION"（溶氧校正模式）。⑤ 连续按"↵"回车键至"100%"后出现一个不停闪烁的"↵"回车图标。⑥ 等待5～10分钟后，直接再按一下回车，当出现"SAVING"时，说明校正成功。⑦ 再连续按"CAL/VIEW"直至回到第一个显示的正常界面。

pH电极校正：① 准备好6.86和4.0的校正液。② 取下保护头，将电极清洗干净置于空气中，待温度及溶氧读值稳定。③ 先按"MODE"按钮一下，把溶氧的单位从"ppm"转换成"%"（如原来就是"%"，则不可跳过此步骤）。④ 长按"CAL/VIEW"进入警告界面。⑤ 连续短按"CAL/VIEW"直至进入"pH CALIBRATION"（pH校正模式）。⑥ 按三次回车进入第三个"STAND"校正模式后，将pH传感电极放入6.86的校正液中，再按一下回车，此时不停闪烁的回车变为"WAIT"，等待"WAIT"变成"SAVED"，此时6.86的校正成功。⑦ 6.86校正成功后，再按一下回车，此时进入4.0的校正界面。⑧ 将pH传感电极放入4.0的校正液中，再按一下回车，此时不停闪烁的回车变为"WAIT"，等待"WAIT"变成"SAVED"，此时4.0的校正成功了。⑨ 再连续按"CAL/VIEW"直至回到第一个显示的正常界面。

5. 现场GPRS DTU的安装

DTU的正常使用需要有DTU电源线、DTU设备、SIM卡（手机卡）、DTU的数据线和天线。将中国移动的手机卡（必须是中国移动的并且开通了GPRS功能）装入DTU的设备里去。将DTU的数据线的一头（两芯线，一红、一黑）分别连接在水质仪表的RS485的A、B两个端子上。另外一头的排线直接连接在DTU上卡槽上，将天线连接在DTU的天线连接处，再将从太阳能控制器上面引出的电源线插入DTU数据线的电源插孔内。（图110）

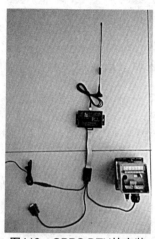

图110　GPRS DTU的安装

（二）养殖池第一监测点的建设

① 太阳能供电系统的安装。② 控制柜的定制和安装。③ 电气设备的安装和调试。④ 监测探头的安装调试。⑤ 现场GPRS DTU的安装。

（三）养殖池第二监测点的建设

安装同第一监测点。

（四）尾水处理区监测点的建设

安装同第一监测点。

（五）中央控制室的建设

1. VGA延长线的布置

VGA线的作用是连接电脑与大屏信号处理器的桥梁，大屏信号处理器有分配器、矩阵、外拼等，而根据信号的不同，相应的处理器也不一样，如AV矩阵、VGA矩阵就是用来处理不同信号源的仪器，VGA线一般用于电脑信号的传输，但是一般的VGA线只能传输25米左右，超过这个范围信号就会衰弱，所以如果传输的距离远了就要在中途加上信号增强的仪器（远传设备），视情况而定。

2. 网络的配置

关于网络配置，首先要了解项目中有哪些监控点和各个监控点之间的信号互动，比如监控的是视频信号，那么监控信号就要经过编解码器的处理之后才能在网络上传输，如果是电脑信号就可以直接通过相对应的信号处理器的处理之后直接显示到大屏上。

3. 墙上大屏幕的安装

LCD拼接显示屏（DID LCD）是三星公司于2006年推出的独家技术产品。6.7毫米拼缝153厘米（46寸）超窄边液晶显示屏，分辨率1 366像素×768像素；CCFL背光；亮度450坎/米^2。含内置拼接处理器的方式为客户提供了一个超高分辨率、超大显示面积的液晶显示屏。现在的安装方式主要有普通壁挂式和落地机柜式两种，根据大屏信号源来配置相应的大屏信号处理器，如上所说的分配器、矩阵、外屏，再根据信号源的格式选择相应的处理器（AV、VGA等）。其系统构成见图111。

4. 数据服务器的安装和调试

安装服务器系统Windows Server 2003 Enterprise Edition。

工具和原料：服务器（图112）；WindowsServer2003 Enterprise

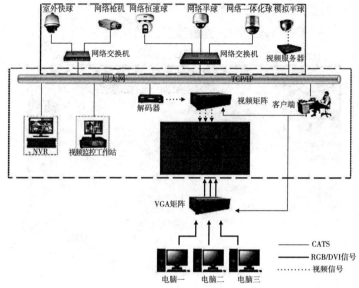

图111 系统连接结构图

Edition系统光盘。

方法和步骤如下：

① 首先是设置bois，将对应服务
器的bois设置为光盘优先启动，然后

图112 服务器

重启，在光驱中插入带有Windows Server 2003 Enterprise Edition系统
的光盘。

② 屏幕上出现提示"Press any key to boot from CD..."立即按键
盘上的任意一个键。

③ 等画面出现安装提示的时候，按下回车键。

④ 选择分区，若是尚未分区的话，按下键盘"C"。

⑤ 选择默认第一个选项，回车。

⑥ 格式化完毕，开始安装。

⑦ 安装完毕，回车重启服务器。

⑧ 重启过程中看到熟悉的启动画面。

⑨ 之后需要输入产品的密钥（图113）。

图113　密钥输入界面

⑩ 配置连接数，根据服务的人数而定（图114）。

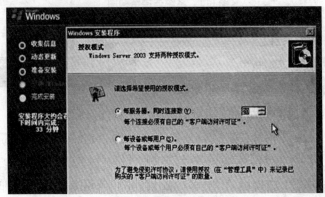

图114　链接人数设定

⑪ 设置完密码和日期之后，设置网络，选择典型，然后进入下一步。

⑫ 选择否定选项，然后进入下一步。

⑬ 此后等待系统安装完毕即可，输入用户名、密码即可登录。

5. 数据显示软件的安装和调试

安装软件前需要先确保已经安装了".net framework 4.0"，直接运行安装软件包里的".net framework 4.0"或从网络上下载后安装（下载地址http：//download.microsoft.com/download/9/5/A/95A9616B–7A37–4AF6–BC36–D6EA96C8DAAE/dotNetFx40_Full_x86_x64.exe）。环境安装完成后直接运行"水产品质量安全监管平台"用默认分配好的用户名和密码登录即可（彩图37）。

技术依托单位：苏州捷安信息科技有限公司。

地址：江苏省苏州市彩香路6号金阊科技园B座207室，邮编：215004，联系人：陶长坤，联系电话：13606186191。

（苏州捷安信息科技有限公司　陶长坤）

水产环境改良剂的应用

随着我国水产养殖集约化的蓬勃发展，养殖水环境污染日益严重，由于环境恶化造成的水产动物疾病或由此引发的传染性疾病剧增，已成为制约水产养殖业健康发展的主要障碍。针对这种状况，目前采取的措施主要有以下几种：一是物理法，即采用沉淀池过滤或沸石粉吸附，将养殖水体中的杂质和污染物去除，此方法不会对养殖环境造成二次污染，但其弱点是对于资源的浪费却是惊人的；二是化学法，此方法是延续了几十年的传统养殖处理方法，即采用生石灰、漂白粉、絮凝剂、含氯或含溴消毒剂以及一些染料等有机或无机化合物来改善水质，这种方法是治标不治本的方法，只能在短期内产生效应，但其在改良水环境的同时，会对水产养殖动物产生不良影响，有些甚至会对环境与食品安全产生重大影响；三是生物法，即利用有益微生物在水体吸收氨氮、亚硝酸氮及硫化氢等，有效分解大分子有机物，同时抑制致病菌的大量繁殖，这是一种治本的环境处理方法，也是推行绿色养殖的最佳措施。

下面就水产环境改良剂的基本情况、使用方法以及与水产养殖的密切关系作一介绍。

一、有益微生物的种类、作用及使用要点

（一）常见水产微生物的种类及作用

1. 光合细菌

这是一类能进行光合作用的原核生物，目前在水产养殖上普遍应用的有红假单胞菌，其特点是在菌体内含有光合色素，可在厌氧、光照条件下进行光合作用，利用太阳光获得能量，但不产生氧气。其在养殖水体内，可利用硫化氢或小分子有机物作为供氢体，同时也能将小分子有机物作为碳源加以利用，以氨盐、氨基酸等作为氮源利用，因此，将其施放在养殖水体后可迅速消除氨氮、硫化

氢和有机酸等有害物质，改善水体，稳定水质，平衡其水体pH。但光合细菌对于进入养殖水体的大分子有机物如残饵、排泄物及浮游生物的残体等无法分解利用。

2. 芽孢杆菌

为革兰氏阳性菌，是一类好气性细菌。该菌无毒性，能分泌蛋白酶等多种酶类和抗生素。在水产养殖上运用的主要是枯草芽孢杆菌，呈杆状，宽度为0.5~0.8微米，长度为1.6~4.0微米，利用芽孢繁殖，芽孢位于菌体中央，由于其芽孢繁殖的特性，芽孢对高温、干燥、化学物质有强大的抵抗性，因此，十分便于生产、加工及保存。枯草芽孢杆菌菌群进入养殖水体后，能分泌丰富的胞外酶系，及时降解水体有机物，如排泄物、残饵、浮游生物残体及有机碎屑等，使之矿化成单细胞藻类生长所需的营养盐类，避免有机废物在池中的累积。同时有效减少池塘内的有机物耗氧，间接增加水体溶解氧，保证有机物氧化、氨化、硝化、反硝化的正常循环，保持良好的水质，从而起到净化水质的作用。此外，枯草芽孢杆菌在代谢过程中可以产生一种具有抑制或杀死其他微生物的枯草杆菌素，此种抗生素为一种多肽类物质，可将养殖池底沉积物中发光弧菌的比例降低，抑制水体中致病菌的繁殖。

3. 硝化细菌

硝化细菌是指利用氨或亚硝酸盐作为主要生存能源，能利用二氧化碳作为主要碳源的一类细菌，为化能自养菌，专性好氧，大多为专性无机型。硝化细菌可分为亚硝化细菌和硝化细菌两大类群。硝化细菌是一种好氧菌，在水体中是降解氨和亚硝酸盐的主要细菌之一。硝化细菌有2个属，其中一个属是把氨氧化成亚硝酸盐，从而获得能量，另一个属则是把亚硝酸盐氧化成硝酸盐而获得能量，在pH、温度较高的情况下，分子氨和亚硝酸盐对水生生物的毒性较强，而硝酸盐对水生生物无毒害，从而达到净化水质的作用。由于亚硝化菌的生长速度比较快且光合细菌也具有降解氨氮的作用，因此，现代水产养殖已能成功地将氨氮控制在较低的水平上。而对于亚硝酸盐积累问题的处理，一直是一个难题，由于自然界中的硝化细菌生长极慢（约20小时1个繁殖周期）且还没有发现有其他的任何微生物可代替硝化细菌的功能，当水体内没有足量的硝化细菌存在时就限制了亚硝酸盐的降解，尤其在高密度养殖池塘方面水产动物普遍发生"亚硝酸盐中毒症"，所以养殖过程中产生的亚硝酸盐就成为阻碍养殖发展的关键因素。目前市场上一些宣称具有硝化作用的异养菌及真菌，虽然也能将氨氧化成硝酸盐，但通常只能利用有机碳源获取能量，不能利用无机碳源，其对氨的氧化作用十分微弱，反应速率远比自养性硝化细菌慢，不能被视为真正的硝化作用。硝化作用必须依赖于自养性硝化细菌来完成。当前上海中鱼科技研究所的科技人员已成功地完成了硝化细菌的高效连续富集培养技术、定向驯化技术、大规模培养技术以及先进的制剂保存技术，成功开发出了纯化硝化细菌产品，在降解亚硝酸盐的过程中起到了极其重要的作用和效果。

4. EM菌

为一类有效微生物菌群，EM菌是采用适当的比例和独特的发酵工艺将筛选出来的有益微生物混合培养，形成复合的微生物群落，并形成有益物质及其分泌物质，通过共生增殖关系组成了复杂而又相对稳定的微生态系统。由光合细菌、乳酸菌、酵母菌等5科10属 80余种有益菌种复合培养而成。EM菌中的有益微生物经固氮、光合等一系列分解、合成作用，可使水中的有机物质形成各种营养元素，供自身及饵料生物的生长繁殖，同时增加水中的溶解氧，降低氨、硫化氢等有毒物质的含量，提高水质质量。

5. 酵母菌

为真核生物，在有氧条件下，酵母菌将溶于水中的糖类（单糖和双糖）、有机酸作为酵母菌所需的碳源，供合成新的原生质及酵母菌生命活动能量之用，对糖类的分解，可完全氧化为二氧化碳和水。在缺氧条件下，酵母菌利用糖类（单糖和双糖）作为碳源，进行发酵和繁殖酵母菌体。因此，酵母菌能有效分解溶于池水中的糖类，迅速降低水中生物耗氧量，在池内繁殖出来的酵母菌又可作为鱼虾的饲料蛋白利用。

6. 放线菌

目前在水产上应用的主要是嗜热性放线菌，对于养殖水体中的氨氮降解及增加溶氧和稳定pH有均有较好效果。尤其是在甲鱼养殖温棚内应用效果更佳。

7. 蛭弧菌

是寄生在某些细菌上并导致其裂解的一类细菌，目前国内应用比较普遍的是嗜水气单胞菌蛭弧菌，将其泼洒到养殖水体后，可迅速裂解养殖水体主要的条件致病菌——嗜水气单胞菌，减少水体致病微生物数量，能防止或减少鱼、虾、蟹病害的发展和蔓延，同时对于氨氮等有一定去除作用。可改善水产动物体内外环境，促进其生长，增强免疫力。

（二）常见的水产应用微生物的应用注意要点

1. 光合细菌

① 该菌的活菌形态微细、相对密度小，若采用直接泼洒至养殖水体的方法，其活菌不易沉降到池塘底部，无法起到良好的改善底环境的效果，因此，建议全池泼洒光合细菌时，尽量将其与沸石粉一起应用，这样既能将活菌迅速沉降到底部，同时沸石粉也可起到吸附氨的效果。

② 适时使用。使用光合细菌的适宜水温为15～40℃，最适水温为28～36℃，因而宜掌握水温在20℃以上时使用。注意阴雨天

勿用。

③ 与有机肥或无机肥混合应用效果明显，并可防止藻类老化造成水质变坏。

④ 视水质实际状况决定应用方法，水肥时施用光合细菌可促进有机污染物的转化，避免有害物质积累，改善水体环境和培育天然饵料，保证水体溶氧量；水瘦时应首先施肥再使用光合细菌，这样有利于保持光合细菌在水体中的活力和繁殖优势，降低使用成本。此外，酸性水体不利于光合细菌的生长，应先施用生石灰，间隔3~4天，调节pH后再使用光合细菌。

⑤ 避免与消毒杀菌剂混合使用，因为作为活菌，药物对它有杀灭作用，水体使用消毒后须经5天方可使用，以使光合细菌在水体中产生优势竞争性，抑制有害菌生长。

⑥ 光合细菌质量的简单辨别方法：将光合细菌稀释1倍后，测定稀释液的OD值，当波长在660纳米时，其OD值若大于0.8，基本可判定其活菌数量在10^9cfu/毫升。

2. 枯草芽孢杆菌

① 该菌为好气性细菌，当养殖水体溶氧量高时，其繁殖速度加快，分解大分子有机物的效率提高，因此，在泼洒该菌的同时，须尽量同时开动增氧机，以使其在水体繁殖，迅速形成种群优势。

② 由于芽孢杆菌系化能异养菌，因此，当养殖水体底质环境恶化，藻相不佳时，应尽快应用芽孢杆菌，其可迅速利用大分子有机物质，同时能将有机物质矿化生成无机盐为单细胞藻类提供营养，单细胞藻类的光合作用又为有机物的氧化、微生物和水产动物的呼吸提供氧气。循此往复，构成一个良性的生态循环，使池塘内的菌相和藻相达到平衡，维持稳定水色，营造良好的底质环境。

③ 使用芽孢杆菌前活化工作为必需的措施，活化方法通常为采用本池水加上少量的红糖或蜂蜜，浸泡4~5小时后即可泼洒，这

样可最大程度地提高芽孢杆菌的使用效率。

④ 作为有益微生物，芽孢杆菌同样要避免与消毒剂同时应用于池塘，以免丧失效价。

⑤ 芽孢杆菌的鉴别方法：通常可采用镜检的方法，若其产品的芽孢出现率低于50%，则说明其净水效率较低，同时也可采用选择性培养基进行平板培养计数，以准确了解产品质量。

3. 硝化细菌

① 由于硝化细菌的生物特性与其他活菌不同，使用时不需要经过活化处理，不需用葡萄糖、红糖等来扩大培养，反之则会使硝化细菌失活，因此，使用时只需简单的用池塘水溶解泼洒即可。

② 硝化细菌的特性是繁殖速度较慢，20多个小时才能繁殖1代，不像芽孢杆菌2分钟繁殖1代，所以投放硝化细菌后，一般情况下需4～5天后才可见明显效果，因此，提前投放应是解决这个矛盾的好方法，同时为了更好地提高硝化细菌作用效率，在实际应用中若芽孢杆菌或光合细菌与其一起应用的话，硝化细菌应提前数日运用，避免繁殖速度快的活菌竞争空间。

③ 硝化细菌不可与化学增氧剂如过碳酸钠或过氧化钙同时使用，因为这些物质在水体中分解出的氧化性较强的氧原子，会杀死硝化细菌，所以最好错开1天后使用。

④ 由于硝化细菌是附着在无机物上，在高位池中采用的中间排污，会排走大量的硝化细菌；特别是刚投放的前几天，硝化细菌的繁殖尚未进入高峰期，这时排污会使硝化细菌作用不明显。因此，在高位池中，最好在使用硝化细菌后4～5天内基本不排水或少排水。在投放硝化细菌时，如结合质量较好的沸石粉同时泼洒，使之快速沉于水底而不易被排走，则效果更佳。

⑤ 养殖池塘的pH及溶解氧与硝化细菌的使用效果有较大的关系，硝化细菌对pH的适应范围为5～10，但在低于7.0或高于

8.5的水体中硝化细菌的繁殖会受到一定的影响，最适宜范围为7.8～8.2，同时硝化细菌在将氨氮转变成亚硝酸盐进而转变成硝酸盐的过程，是一个耗氧过程，但其是微需氧，在其转变过程中所需要的溶解氧很少，在使用硝化细菌的水体中，溶氧量只要不低于2毫克/升即可。

⑥ 纯化硝化细菌，其保存及包装工艺是决定其使用效率及保存期限的关键，因此，其载体须使用200～300目的特殊物质，且其水分含量要低于5%，并需采用无氧包装，只有这样才能确保实际应用效果。

4. 侧孢芽孢杆菌

本品分泌的胞外物质可直接触杀蓝藻细胞，促进浮游植物的微观生物活性，可吸收和转化养殖水体中的氨氮、亚硝酸氮及硫化氢等有害物质，间接增加水体中的溶氧量，可与蓝藻在水体中对有机、氮、磷等营养物形成有效竞争，并与蓝藻展开对光能的竞争，从而起到抑制蓝藻的效果。其使用方法是将本品溶解形成悬浊液后，全池均匀泼洒，每袋（500克）本品（1米深的水体）可使用2～3亩水面。

5. 放线菌

放线菌是抗生素的主要生产菌，到目前为止，在已知的人畜用抗生素中，约有2/3以上是由放线菌产生的。放线菌与光合细菌配合使用效果极佳，可从光合细菌中获得基质，产生抗生素及酶，直接抑制和杀灭病原微生物，并能提前获得有害微生物增殖所需的基质，促进有益微生物繁殖，调节水体中微生物的平衡；放线菌对有机物有着较强的降解能力，对木质素、纤维素、甲壳素等物质也能起到较好的降解作用；放线菌能产生生物凝絮剂，这种凝絮剂通过桥联、电性中和、化学反应、卷扫、网捕、吸附等作用，使养殖池中一些难以降解的有机物胶体脱稳、固液分离、絮凝沉淀，既可以去除水体和水底中的悬浮物质，亦可以有效地改善水底污染物的沉降性能、防止污泥解絮，起到改良水质和底质的作用。其使用方法是将本品溶解形成悬浊液后，全池均匀泼洒，每袋（1000克）本品（1米深的水体）可使用2亩水面。

（三）警惕微生态制剂使用误区

1. 保持清醒的认识

① 微生态制剂大都是还原剂；② 消毒剂大都是氧化剂。

2. 要因地制宜，不能滥用

不能从滥用消毒剂的误区走向另一极端，应地制宜、应时而论。

（四）前景与现实

著名微生物学专家魏曦教授预言："光辉的抗生素时代之后必将出现一个微生物制剂的时代"。因此，可以这么说，微生物制剂将成为保障水产养殖成功的主要必需品，必将会得到广大养殖业者的认可与肯定。

二、其他物理或化学环境改良剂的种类及应用

1. 沸石粉

沸石是火山熔岩形成的一种架状结构的铝硅酸盐矿物。目前已知的沸石有50多种，应用于养殖业的天然沸石主要是斜发沸石和丝光沸石。它含有水产动物生长发育所需的全部常量元素和大部分微量元素。这些元素都以离子状态存在，能被水产动物所利用。此外，沸石还具有独特的吸附性、催化性、离子交换性、离子的选择性、耐酸性、热稳定性、多成分性及很高的生物活性和抗毒性等。沸石孔穴和通道中的阳离子还有较强的选择性离子交换性能。可将

对动物有害的重金属离子和氰化物除掉。使有益的金属离子被释放出来。可去除水中氨氮的95%，净化水质，缓解转水现象。

使用沸石应注意的事项：一是要按用途选用沸石粉的规格。如用于水质改良应使用180~200目的规格。二是选择质量好的沸石粉，天然沸石含量应达到50%以上。三是吸氨值要合适，这是沸石粉的一个重要的质量指标。合格的沸石粉吸氨值一般都大于100毫克当量/100克。

每亩每米水深使用沸石粉25~50千克，可起到除去水中95%的氨氮、净化水质、增加溶解氧的作用，同时提高水体总碱度，稳定水质。

2. 活性黑土（腐殖酸钠）

本品由天然大分子、有机络合物、植物生长因子等精制而成。具有优良的化学活性和生理活性，用作水产环境改良剂，可改良池塘底质；减少塘底硫化物、氨氮、有害重金属，如铜、锌等的含量，这是因为该品具有与二价金属离子形成稳定的有机络合物从而降低水的毒性，调节和净化水质的作用；促进益菌藻繁殖，维持水色，避免池塘老化；增进鱼、虾食欲，提高活力，减少发病，可有效降低养殖水体的氨氮、亚硝酸氮及化学耗氧量等的有害物质，有效去除养殖池底及水环境的有机物污染，去除重金属离子的毒性，培养优良养殖水质，促进水体微生态平衡。一般用量为每亩1~2千克，使用时应先用淡水溶解后再全池泼洒。

3. 卫克（过硫酸氢钾复合盐）

本品系过硫酸氢钾复合盐产品，其氧化还原电位极高，可迅速氧化改良池塘底质，自下而上发挥功效，迅速降解亚硝酸氮，强力分解池塘底质与水体中的有机质及其有毒物质，络合重金属离子。同时释放活性氧，经常使用可有效抑制池塘底部厌氧微生物繁殖，抑制青泥苔的发生。

直接全池均匀抛撒，底质恶化区域集中干撒。每亩水体（水深按1米计）用本品125～500克，严重时可酌情增加用量或使用次数。

4. 高效净水剂（聚合双酸铝铁）

本品为新型无机高分子聚合物，即聚合双酸铝铁，其特点是有效成分含量高，聚合度大，分子链网密布，结构庞大，有极强的吸附凝聚能力及水质净化能力，为高效、快速、安全的新型水质改良剂，投入水体后，可将有机质迅速絮凝且形成颗粒块状，迅速下降沉淀，有效提高水体透明度，运用本品短时间后即可快速降解化学耗氧量及氨氮等有害物质，维持健康养殖水体环境。一般用量为每亩1千克。

5. 特效增氧防病"底净宝"

本品主要成分为聚合物、氧化剂、吸附剂、增效剂及有效活菌等复合而成，可有效改善老化池塘水质及恶臭底质环境，尤其对处理养殖中、后期的水体发臭或底泥变黑状况有效；可快速分解氧化底质有害物质，迅速降解吸附水体氨氮、硫化氢及化学耗氧量，增加底部溶解氧；同时本品可有效络合水体重金属离子，促进水体有益微生物及藻类生长，维持优良池塘底质环境。将本品干法均匀泼洒即可。通常在养殖中、后期池塘变黑发臭，在水质发黑、发臭、发红、浑浊、过浓、发白时，每亩使用500克，隔天再使用1次，可以除臭、稳定水质、改善底质。

6. 解毒丹

本品是由硫代硫酸钠等吸附剂、络合剂及表面活性剂等多种成分组合而成，通过吸附、螯合及离子交换等作用，可有效去除水体中的氨氮、硫化氢及重金属离子等有害物质，消除水体中的部分毒素，解除水体部分紧迫因子，稳定水体pH，维持优良养殖水质环境。此外，在使用卤素类消毒剂后，使用该产品后可以减轻胁迫，其使用方法为稀释后全池均匀泼洒，每亩（按水深为1.5米计）水面使用本品500～1 000克，间隔10～15天使用1次即可。

三、结束语

随着水产养殖业的迅猛发展，人们日益认识到水环境中微生物在水产养殖中的重要性。目前在我国水产养殖发达地区，绝大多数的养殖业者已经充分认识到了有益微生物在水体净化、防治水产动物疾病和促进生长等方面发挥的作用。同时在病害防治过程中，也日益重视有益微生物的生态因素与疾病控制的关系，因此，在整个养殖过程中全方位地运用有益微生物已经变成了行业的趋势。

技术依托单位：中国水产科学研究院淡水渔业研究中心。

地址：江苏省无锡市滨湖区山水东路9号，邮编：2140000，联系人：邢华，联系电话：15206173231。

（中国水产科学研究院淡水渔业研究中心　邢华）

环境改良剂在
对虾养殖中的应用

近年来，华南地区对虾养殖的现状是：成功率越来越低，成本反而越来越高！但在广东江门的新会、台山和珠海、阳江，就有这么一大批养殖户就能够低成本养殖成功！这是为什么呢？人病了上医院，可以借助B超、X光等检查发现病症从而可以对症下药。当您发现水或者是水中的对虾发生异样时，靠什么来确诊病因、对症下药呢？很简单！您也需要借助一批对水和对虾有效的"B超""X光"等检查来发现症状。

因此，一些渔药公司及水产养殖户，经过长期的实践操作，开发了一系列相应的操作仪器，具有携带方便、精确度高、测定简便快速的优点。使用这些操作仪器，能使您及时掌握水质和对虾的变化情况，为水质管理、投饵、用药提供参考，减少日常管理中不必要的损失，更好地服务于对虾的可控养殖。与其说是使用仪器，不如说是借鉴、总结许多多养殖户在养殖过程的经验，从而更好地规避风险。主要操作仪器包括：① 透明度盘、玻璃杯、底层水质取样器；② 水质分析仪，测定亚硝酸盐、氨氮、pH、溶解氧含量；③ 红碗、白碗。

一、各种测试工具的使用说明

1. 透明度盘（图115）

养虾就得先养水！那么，什么样的水质才能算是良好水质呢？透明度就是水产养殖最重要的水质指标之一！它能反映水的透光性能，结合水色就可以比较准确地确定水质的优劣。

一般对虾池塘养殖水体的透明度应控制在20～40厘米，30厘米最适

图115 透明度盘

合；水色以黄绿色为佳。但水质透明度低至10厘米时，此时水的pH、氨氮、亚硝酸盐将超标。当透明度低且水质混浊时，往往导致水质亚硝酸盐浓度偏高。

透明度低，水质中藻类或者有机质过多，此时泼洒药品，用药效果差！水质的透光性差，底层的藻类光合作用弱，产氧量少，此时使用药品改良底质，容易偷死。透光性差、溶氧量低，这两个因素容易导致底质恶化、厌氧菌大量繁殖，对虾往往容易发病！虾类的摄食相当困难。

透明度盘是养殖过程中必备的工具（图115）！把每天水质的透明度记录下来！当水质有一丁点变化，就能够从数据中看出来，及时用药（水质改良剂）处理。此时做工作可以事半功倍，并且成本最低。切勿等到水质变质、见到死虾时再作处理，那就为时晚矣！

因此，应提高透明度，防止水质恶化，可采取如下措施。

① 晴天藻类生长旺盛，用"健水乐"500克/（亩·米）或高效强氯精100~200克/（亩·米）。

② 阴天或有机质多，可使用"水质保护解毒剂"500~750克/（亩·米）、"底净活水宝"2.5~3.0千克/（亩·米）。

③ 晴天、阴天都可用：液体光合细菌1.5~2.5千克/（亩·米）。

2. 玻璃杯

通过玻璃杯（彩图38），我们可以看水色、水蚤、有机质，可以区分活藻、蓝藻、鞭毛藻等。

对水质的评判，另一个重要的指标就是水色，其由水中的藻类、有机质、浮游动物所共同呈现，其颜色也表明了水中各种成分在水体中占的比例。想要水质变化听从你的指挥，那就要学会用玻璃杯看水。

（1）案例1 刚刚放苗的塘水，还没有2天，透明度就从30多厘米急升到60厘米，用了"活嫩爽肥水素"加"渔经可乐"（每亩每米水深用"活嫩爽肥水素"2～3千克+"渔经可乐"1～2千克）追肥，透明度降低到45厘米，又变成70多厘米！如果你会用玻璃杯，就会发现水体中有大量水蛛（即红虫或枝角类）。没事！不喂料！继续以上的追肥方法就行了！

（2）案例2　有一种水，透明度很高，但是整塘水看起来是大青色，用玻璃杯，会发现全都是丝状蓝藻（彩图39）！可用"蓝藻净"，每亩每米水深用"蓝藻净"250克+加粗盐2千克，效果更佳！想要一次搞定，则先用"活力菌素"每亩每米水深250～500克，第二天再用"蓝藻净"。以上产品使用后，注意水体增氧。

（3）案例3　有一种水，水色突然变成茶褐色，虾不摄食，用玻璃杯，发现不少茶色碎屑沉底！这是鞭毛藻在作怪，可以每亩每米水深用"健水乐"400～500克+"混特1号"20～25毫升处理（彩图40）。

3. 底层水质取样器

虾在哪里生活，那就应该研究到哪里去！若注意力只是停留在清爽的表层水，而底层水有机质过多，对虾在底层缺氧、甚至亚硝酸盐中毒的情况却浑然不知，在此情况下继续投喂、甚至用药，出现不摄食是小事，若是用药加剧了缺氧、中毒的情况，那可真的是"误虾误己"。

因此，检查水质时，不光要测定表层水，更重要的是要化验底层水（下文介绍的测验水的各个指标时，都是使用底层水质取样器取水的），我们需要的是对虾生活水层的水质指标。这对，底层水质取样器就显得十分重要（图116），底层水溶解氧必须在取水后第一时间用溶解氧分析仪测验。

图116　底层水质取样器

4. 水质分析仪——溶解氧分析盒

水底中，溶解氧含量高，虾的摄食能力强，生长速度快，饵料系数低，物质循环正常，病菌少，病害少，一般要求水体中溶解氧大于4.0毫克/升，溶解量的测定可使用水质快速分析盒（图117）。

图117　溶解氧分析盒

提高底层溶解氧的处理建议包括以下几点。

① 阴天使用"底净活水宝"每亩每米水深用2～3千克，晴天可考虑使用"健水乐"每亩每米水深500～1 000克或高效强氯精每亩每米水深用100～200克。

② 用"渔经底好片"每亩每米水深用200～300克或者"底洁康"每亩每米水深用200～300克与"颗粒氧"每亩每米水深500克同时用来改良底质。

③ 定期泼洒"渔经可乐"每亩每米水深用1.5千克和"液体光合细菌"每亩每米水深用1～3千克。

5. 水质分析仪——pH分析盒

水体的pH是考量水质变化的重要综合指标，其主要反映的是水中藻类的生长变化以及与其他生物间的关系变化；一般情况下，刚刚放苗时，水质透明度高于40厘米，但是pH却偏高，这是由于水中单细胞藻类旺盛所致，"渔经可乐"（EM菌）可以解决这个问题；到了养殖中期水质变为浓绿色时，透明度降了下来，此时就是多种藻类生长旺盛，光合作用强所引起的！最后不得不提一下：有些泥底池塘的水很清爽但是pH很高，主要原因是塘底返碱所致。可以通过加"渔经可乐"每亩每米水深1.5千克和"活嫩爽肥水素"每亩每米水深3.0千克进行追肥，从而培养藻类以解决该问题。pH的测定可使用相关水质分析盒进行（图118，图119）。

pH偏高（大于8.8）的处理建议：①若是小虾期，少喂料，连续用"渔经可乐"每亩每米水深1.0~1.5千克加"应激灵"每亩每米水深200~300克泼水培育轮虫、水蚤等开口生物，即可控制pH；②水质浓时（阴天、晴天），提高透明度，防止水质恶化。③水质不浓时：先用"水质保护解毒剂"每亩每米水深1千克，再用"解毒调水灵"每亩每米水深200~300克；最后用"渔经可乐"每亩每米水深1.5千克+"活嫩爽肥水素"每亩每米水深3千克肥水后，pH必然降下来。

图118　pH分析盒一

图119　pH分析盒二

6. 水质分析仪——氨氮分析盒

水体中的氨氮分别以铵（NH_4^+）和氨（NH_3）存在，铵（NH_4^+）可以为藻类所利用，且没有毒性，但氨对虾有剧毒。其主要来源是残饵、粪便和淤泥。也有部分是由外部水源、施用肥料导致。其毒性与测定的氨氮总量、pH、温度有直接关系，在高温季节、高碱条件下为最高（表45）。常开增氧机能够挥发部分有毒氨。对于高温季节常见的"三高"（氨氮高、亚硝酸盐高、pH高）问题，其快速安全的处理是用高效强氯精每亩每米水深100~200克和"百消净"每亩每米水深200~300克、"颗粒氧"每亩每米水深150~250克。其次，用"底净活水宝"每亩每米水深2~3千克或光合细菌每亩每米水深2~3千克和"活力菌素"每亩每米水深250克。

氨氮含量可使用水质快速分析盒测定（图120）。

图120　氨氮分析盒

表45　水样中有毒氨（NH₃）的比例（%）

氨氮含量/ 毫克·升⁻¹	温度/℃			
	15	20	25	30
6.0	0	0	0	0
6.5	0	0.1	0.2	0.3
7.0	0.3	0.4	0.6	0.8
7.5	0.9	1.2	1.8	2.5
8.0	2.7	3.8	5.5	7.5
8.5	8.0	11.0	15.0	20.0
9.0	21.0	28.0	36.0	45.0
9.5	46.0	56.0	64.0	72.0
10.0	73.0	80.0	85.0	89.0

注：分别测定水样中氨氮含量、pH、温度，再按上表查出氨（NH₃）在总氨氮中的比例，按下列公式计算出水样中氨的含量：氨（NH₃，毫克／升）＝氨氮（N，毫克／升）×1.216×比例（%）。

7. 水质分析仪——亚硝酸盐分析盒

水中存在大量的硝化菌，正常条件下，它们能够把氨氮转化成藻类能够吸收的硝酸盐。倘若在其硝化过程出现缺氧的情况受阻，氨氮就不能正常转变为硝酸盐，该过程停止而生成的中间产物就是亚硝酸盐，亚硝酸盐无法被藻类吸收利用。所以处理要点就在水体的溶氧量上！尤其是底层水的溶氧量，将有毒有害的亚硝酸盐转变成为硝酸盐，为藻类所利用。若出现水体透明度很高或者混浊的情况，可以用"亚硝快克"每亩每米水深100~150克和"活嫩爽肥水素"每亩每米水深2~3千克混合一起泼水即可。若水色为绿浓色，则应先提高透明度，再采用处理氨氮的方法；若要快速处理可采用"百消净"每亩每米水深200~300克加"颗粒氧"每亩每米水深250克，少量多次。

处理pH、氨氮、亚硝酸盐过高时，都可用光合细菌和活力菌

素提高透明度。亚硝酸盐的测定可使
用水质快速分析盒（图121）。

图121　亚硝酸盐分析盒

8. 红碗和白碗的使用

使用红碗（图122）和白碗（图123），可以清晰看到对虾个体。有顺口溜为"两碗看对虾，使用很简单；碗中看变化；白看断红黑，红看白白白。"

图122　红塑料碗

图123　白塑料碗

通过以下的看虾过程介绍红碗、白碗的妙用。

正常虾的体色是透亮青色的（彩图41）。把刚从池塘里捞出来的虾放在白碗即可。彩图42显示的红黄体色，说明虾肯定有麻烦，可能是应激或病原感染。

1）看体色变化

那该如何入手处理呢？

可以做个小试验，将虾放在白碗里暂养，如彩图43所示，暂养30分钟后，虾的体色转为透明，则说明红黄色主要是因应激而起的。同样的水和虾，放在不同的地方就有不同溶氧量，白碗的水少且浅，溶氧量高。这个试验说明，只要把水的透明度提高、溶氧量升高，虾的体质就有质的好转。水环境的好坏对虾的体质影响很大。

所以，当虾有问题的时候，不要急着用药，先测量水的透明度、底层溶氧量后再决定怎么处理。水质的变化会引起虾的应激病变，如透明度变低、pH升高、底层水溶氧量变低（彩图44）。所以很多问题不是靠泼洒"应激灵"可以解决的，主要是靠提高透明度，防止"腐败"（彩图45）。

通过白碗，倘若虾的体色没有改变，则说明虾是受病原感染（彩图46），体色发红。处理的第一步还是提高透明度，再根据虾的体质变化和摄食情况选用药品：可以使用"渔经水本泼水"每亩每米水深250克，用"渔经壹号"和氟苯尼考拌饲投喂，每40千克饲料，拌"渔经壹号"250克+氟苯尼考100克，连续3~5天。

2）看斑色变化

虾体色为亚红色，则其身上有许多麻点，有红色（彩图47），由变化刚形成的出血点；有黑色（彩图48），生成有一定时间，被细菌感染而成；严重的是溃疡（彩图49），形成一定时间，且大面积损伤后细菌感染而成；这些都是出血点在不同时间的表现。所以根据颜色的不同可以判定虾发病是处于病原感染的什么阶段，从而确定相应的处理方法。比如把红色的虾（彩图47）放到红碗（彩图50），发现虾的斑点可见的很少，那么该虾是应激或是红体病，处理可以从提高透明度、提高体质入手。如果见到很多黑点，则是底层细菌感染严重，可以用"百消净"每亩每米水深200~300克或者"底洁康"每亩每米水深100~150克处理底层，再加颗粒氧，少量多次。外加"渔经水本"每亩每米水深250克处理即可。

3）看附肢变化

稳定的水体，指的是在日常观察中，透明度、水色变化不大，均维持在较合适的状态。此时虾的生长最为稳定、快速！只要是水变化多，虾肯定多病。应激也是一种病，能够使虾的体质变弱，从而易受病原感染。如彩图51~彩图55所示为虾的红须、断须、烂眼、红足、黄爪、红尾等病害，均为虾先应激造成损失而被病原感染所致，体表、附肢出现侵蚀破坏的则为细菌感染。所以，根据"看斑色变化"确定虾发病的阶段，再按照"看体色变化"提高虾的体质，最后确定采取相应的处理方法，那就事半功倍了。

4）看鳃知底水

虾是通过鳃过滤水中的氧，底水的好坏直接在鳃上体现出来，底水不好会出现黄鳃、黑鳃（彩图56和彩图57）；然而，有一问题却被疏忽了，就是纤毛虫病（彩图58），若水质发浓，虾靠池边，且有个别死亡，十有八九是寄生虫在作怪；在实践中，另有3个特征（彩图59~彩图61，图124）：①鳃盖上有成片的较大黑斑；②红碗中尾扇边缘有荧光，因寄生虫感染后细菌感染而成。③虾罾很脏，像是地图。处理很简单，根据天气、底层水溶解氧，确定使用的药物，提高透明度，再用"纤车净"每亩每米水深500克，后续用"底洁康"即可。所以，对虾才会"底好、水好、虫少、胃口好"！

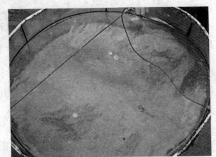

图124　虾罾很脏时，也是因为纤毛虫"疯狂"

5）看内在变化

我们先从对虾的体色变化总结出水体变化影响对虾体质，从斑色和附肢中把应激和细菌病分开，从鳃上可以看出底层水差了，寄生虫也"欺负"虾。最后剩下内在的问题：对虾应激时肌肉在红碗就会呈现白色，如果静置15分钟，白色未消退，则是肌肉白浊病（彩图62和彩图63），用白碗就能发现对虾的肠炎，如中断、肿大、发红；两者的处理均可用"渔经水本"每亩每米水深250克，前提是水的透明度高于30厘米，再加"新鱼血停"和"银翘板蓝根"内服即可。而对于花肝、白斑，关键还要维持水质良好，多用红碗看虾，多用"渔经壹号"拌料（每40千克饲料拌"渔经壹号"250克，每天投喂1次，连续5天），或直接抛洒"渔经2号"。

对虾是甲壳动物，不像脊椎动物中的鱼好养殖，天气、水质的变化对虾的影响更大，从而更加容易发病。要养殖成功，合理的日常管理就显得十分重要，水质的调控、投喂量的增减、药品的使用等都需要有切合实际、统一的依据，因此，我们做了以上对工具和技术的研究与介绍。

对于对虾养殖，我们提倡的是：① 借助工具观察水和虾，提前预防处理，多用光合细菌和活力菌素调控适当的透明度。② 做好准确的投喂计划：比如前期30天，用EM菌（"渔经可乐"）每亩每米水深1.0～1.5千克，以培养轮虫、水蚤为主，少量饲料为辅，提高对虾的成活率和体质；后期再以饲料为主，必须勤检查投喂的料是否过剩。③ 把好虾苗关。

建议：① 看苗时，若非投喂时间，在气石处打水发现有很多的苗，说明苗的质量一般，健康苗摄食后应该是附壁的；② 若水面漂浮一层絮状物，可能是由于虾出现肠炎造成的；③ 健康的虾在光线下身体是透亮的，活力好，不扎堆；④ 抗逆性好、生长速度快的虾的肠道在显微镜下是蠕动很大的；⑤ 显微镜下，剑额折断且变黑、步足前端变黑，提示为细菌感染。

二、对虾养殖日常管理登记

清塘用药当天，开始登记表46中的相关事项，掌握养殖全过程。相关指标及测定方法介绍如下。

1. 底层水质取样器

检测的水必须是通过底层水质取样器取得的，管理、调控鱼、虾生活的水层，保持底层水的pH、溶解氧等指标的稳定。

2. 玻璃杯

① 检测水中是否存在水蚤、轮虫等浮游动物，还有其个体的大小与多少；② 检测水质有机质的类别和多少；观察水中是否存在蓝藻（静置一晚，若水面出现一层绿色藻类即是）。

3. 红碗、白碗

白碗看红黑，红碗看白黑，确定虾是否患肠炎（肠胃空甚至发红）、发生应激（白碗见红点，红碗看不到）、被细菌感染（白碗见黑点，红碗也见到）或患白斑病毒病（白碗看不到，红碗看得到）等。

4. 透明盘

一般养殖水体的透明度应控制在20～40厘米，30厘米最适合；水色以黄绿色为佳。透明度低时，水中藻类或者有机质过多，此时使用药品泼洒，用药效果差。水的透光性差，底层的藻类光合作用弱，产氧量少，此时使用药品，鱼、虾容易缺氧偷死；透光性差、溶氧量低容易导致底质恶化、厌氧致病菌大量繁殖，鱼、虾容易发病，就是想开口摄食都难。

5. pH

这是考量水质变化的重要的综合指标，其主要反映的是水中藻类的生长变化以及与其他生物间的关系变化；一般情况下，控制在7.5～8.5为佳。刚放苗时，水质透明度高于40厘米，但是pH却高于8.8，这是由于水中单细胞藻旺盛所致，"渔经可乐"可以解决这个问题；到了养殖中期水质变为浓绿色时，透明度低，pH高于8.8，此时就是多种藻类生长旺盛，光合作用强所引起的，高效强氯精可以降低pH。

6. 溶解氧

维持在4.0毫克/升的水平以上，其高低是由水体产氧的藻类、与水中耗氧的鱼和虾、耗氧菌、浮游动物的彼此平衡所决定的，可通过科学投喂、管理、控制pH和透明度而达到。

表46 南美白对虾养殖管理登记表

编号	苗数：				水面亩数×水深：				放苗时间：				技术员：
天数	上午时间：				中午时间：				下午时间：				备注（天气、用药）
	水质、饲料管理				水质、饲料管理				水质、饲料管理				
	透明度	pH	溶氧量	投喂量	透明度	pH	溶氧量	投喂量	透明度	pH	溶氧量	投喂量	
1													
2													
3													
4													
5													
6													
7													
8													
9													
10													
11													
12													
13													
14													
15													
16													
17													
18													
19													
20													
21													
22													
23													
24													
25													
26													
27													
28													
29													
30													
31													

三、养殖管理

1. 投饵管理

1）驯食

从开始投饵时，就应确定驯食方案，目的是逐渐缩小投饵范围，最后实现定点食台投喂。

2）投喂量

① 小苗期（养殖初期30天）应根据水中的饵料生物、pH、和虾苗饱满程度投喂。用玻璃杯发现水中饵料生物丰富时，用白碗确定虾苗的肠胃饱满度超过80%，则可以不喂料，只用"渔经可乐"拌"氨基酸肥水膏"维持水色即可；如果发现水体的pH高于8.8时，则停料，用"渔经可乐"即可；若是虾苗的肠胃食物少，且水中饵料生物少且个体大时，则用"渔经可乐"浸泡饲料（500克/10万尾苗）1个小时后周边泼洒。

中、后期每次投喂后应控制在1.5个小时内吃完为宜，透明度低于20厘米时，投喂后在1个小时内吃完为宜。水清瘦时透明度高于40厘米时，可拌"渔经可乐"适当多投（虾罾放料2%）。

② 每当虾蜕1次壳后，就应适当增加投饵量。比例根据虾体重和水温确定，如果虾蜕壳很不整齐，无法确定是否全部蜕壳时，可根据水温与气候状况，7～10天为1个周期，适当增加投饵量。

③ 阴雨天时少投或不投；摄食量不正常时慎重投饵；有疾病发生时停止投饵；发生软壳时减少或暂停投喂。

④ 投喂量应注意控制，一般是宁少勿多，颗粒宁小勿大。

2. 水质管理

1）进水消毒

水深最好1.2米左右；选用高效强氯精，每亩用量在1千克以上。72个小时后再用"水质保护解毒剂"每亩每米水深1千克解毒。

2）培水（清塘后第5天）

高位池以10万~15万尾/（亩·米）为宜，土池以3万~5万尾/（亩·米）为宜。

①每亩每米水深"氨基酸肥水膏"1.5千克加"渔经可乐"（EM菌）2千克，当水温不低于25℃，浸泡2个小时，当水温不高于20℃时，浸泡4个小时。

②如果肥水难度大，如阴雨天，可先用"富藻素"，用量为每亩3千克，将水肥起来后第三天再用上述方法即可。

3）放苗以及维持肥水，培育开口饵料

放苗时间：用玻璃杯检测水质，若发现水中有水蚤，且个体偏小，即可放苗，建议放养0.8~1.0厘米规格、活力好的虾苗。

培养开口饵料方法：少量多次，每亩每米水深"氨基酸肥水膏"1.0~1.5千克+"渔经可乐"1千克，注意千万不要等水色完全失去以后再施肥，当透明度在45厘米时就必须施肥，如果低温，35厘米时就要施肥。此时间可以维持25天，长则1个月。放苗第二天用网兜把虾苗捞起来，用白碗检查，如果虾苗肠胃饱满，则不喂料；如果肠胃空或不饱满，则每10万尾苗投喂0.5千克料，饲料必须用"渔经可乐"（EM菌）浸泡1个小时（每10千克饲料用"渔经可乐"5千克）。期间发现pH超过8.8，则连用"渔经可乐"每亩每米水深2千克2次。

4）上罾后(开始大量觅食)

每月1日、15日前用"渔经壹号"250克拌40千克料，连续3天。过后5天用"渔经可乐"拌料，每20千克料用5千克。

5）养殖中期

通过控制喂料（时间在1.0~1.5个小时，虾罾放料2%）、多加水少排水，控制水位不超1.5米，保持透明度、水色。再根据水的泡沫、透明度、pH变化等调节水质：及时选用二氧化氯粉每亩每米水深150~200克或"底净活水宝"（增氧型）清水，或"渔经底好片"每亩每米水深200~300克改良底质，再用光合细菌每亩每米水深1.5千克加"活力菌素"每亩每米水深150~200克分解有机质，以改善水中溶解氧分布，稳定藻相，稳定池水pH。

6）养殖后期（60天后）

喂料控制1个小时内（虾蕾放料2%），若是高位池则加强换水，加强排底措施，加强水质管理。根据透明度和pH的变化，水浓时选用强氯精，混浊选用"浑水清"每亩每米水深200~300克清水，再适当用"底好片"或"百消净"每亩每米水深200~300克，改良底层1~2次后，选用光合细菌每亩每米水深2.5千克、"氨基酸肥水膏"每亩每米水深1~2千克稳定水质。使用百消净前（若是高位池则先排水20~30厘米）开增氧机1个小时，效果更明显。如此可使虾池水生态系统趋于稳定。

7）天气、水质变化应对措施

通过红碗、白碗可以发现虾的应激反应，pH的变化可看到藻类的活力。

天气变化、倒藻等因素导致应激时：可用"维C解毒宝"每亩每米水深250克加"渔经可乐"每亩每米水深1.5千克达到快速解毒且抗应激作用。

通过玻璃杯发现水中浮游动物（水蚤）、鞭毛藻（红色水）等异常水质时，可以用"健水乐"每亩每米水深400克加"混特1号"每亩每米水深20毫升的方法处理。

8）水质常规指标的控制

氨氮过高：① 水色浓时，晴天时用高效强氯精；阴天用"底净活水宝"每亩每米水深3~5千克，必要时第二天用"水质保护解毒剂"每亩每米水深1千克。② 水色不浓，可能是水中含有机质过多。当有机质过多时（水面上有油性物），可用二氧化氯粉全池泼浇，再用"水质保护解毒剂"降解。

亚硝酸盐过高：① 水质混浊：第一天用"底净活水宝"每亩每米水深3千克，第二天用"水质保护解毒剂"每亩每米水深1千克。② 水浓时，先用强氯精，再用"百消净"加"颗粒氧"，少量多次。

9）其他建议

若是高位池，池塘应为方形切角设计，以免有水流死角；其次要有水位差设计，建议至少要有60～100厘米，其直接影响池塘的排污能力。增氧机的摆放设计同样重要，切角方向上各设置1台，靠近排污口再放2台，相距8～10米。

四、养殖案例

翁先生，在广东省江门市新会区三江镇养虾，第一年养虾。该造虾为冬棚虾。于2013年11月11日放苗36万尾（二代苗），5.5亩水面。池塘铺设纳米增氧盘，全池塘铺设了56个纳米增氧盘，打气泵1.5千瓦（管16亩的增氧），每天开机不少于20个小时，另外有增氧机3台，辅助增氧。放苗15天后开始投喂，每天2餐，第一餐3.5千克，随后每天递增0.5千克，上罾后控制摄食时间为2个小时（放在食罾上的0.5千克料的时间），根据水的透明度和pH变化来调控投喂和确定用药，全程用的药品不到1 000元，主要使用产品有："富藻素""活嫩水素"强氯精、二氧化氯、二氧化氯片、"水质保护解毒剂""渔经可乐"。前期就要通过饲料管理控制和用药来培养水蚤，从而调控水的透明度，稳定水质，使水蚤能够维持到40天左右。到2014年2月20日出虾，一共摄食108包料（每包20千克），产量为2 400千克，价格为80元/千克，赢利15万元。

小结：该养殖过程中最值得注意的就是其使用56个纳米增氧盘

（图125和126）。不仅费用低，而且增氧效果好。据翁先生反映，清塘收虾的时候，发现底层淤泥很少，最后的饲料系数为0.9，并且整个养殖过程没有病害的发生，水色没有大的变动，水质很稳定。同时，他的其他管理也是可圈可点：首先就是放在虾罾的料，一般人都是按照2%放的，而他自己是根据虾的吃食情况来投喂（彩图64），其次就是水质管理抓住透明度和pH的变化，这也是笔者一直所建议的。

图125 虾池外景　　　　　　　图126 微孔增氧

技术依托单位：北京渔经生物技术有限责任公司。

地址：北京市通州区于家务，联系人：蒋火金，联系电话：13901104315。

（北京渔经生物技术有限责任公司　蒋火金）

池塘养殖节能减排综合技术

一、技术概述

（一）定义

池塘养殖节能减排综合技术是将塘泥循环、底部微孔增氧、浮性饲料、草鱼疫苗相结合的一种综合技术。

（二）背景

根据农业部渔业渔政管理局对全国渔业节能减排工作的部署和要求，山西省在池塘养殖节能减排方面进行了部分试验示范和推广工作。

经调查，山西省沿黄河部分地区的池塘养殖每千克鱼用水 $1.6 \sim 2.0$ 米^3，用电 $0.3 \sim 0.5$ 元/千克，用药 0.2 元/千克左右，饲料系数 $1.6 \sim 1.8$，投饲量为 $2\,000 \sim 4\,000$ 千克/亩，粪便排泄量达到 $2\,000 \sim 3\,000$ 千克/亩，池塘淤积严重，耗氧量极大，养殖户每亩配备增氧机达到 $0.9 \sim 1.5$ 千瓦，日开机时间 5 个小时以上，用电量较高。由于水质环境差，引起病害多，用药量大，每亩药品费用为 $300 \sim 800$ 元，淡水池塘养殖已经成为高耗水、高排放产业。

二、技术路线

（一）塘泥循环方法

将养殖期结束后的塘泥推到池塘边坡及塘埂上，通过种植植物及充分氧化降低有机物和营养盐，再通过风浪和雨水的冲刷返回池塘而形成的循环。

（二）底部微孔增氧方法

通过底部微孔增氧来调节水质和提高增氧效率，在促进池塘底质改善的同时提高水体净化能力，从而达到减少能耗及降低水质污染的问题。

（三）浮性饲料使用方法

利用浮性饲料的高消化率和降低饲料系数减少对池塘的总饲料投入量而减轻水体的压力。

（四）草鱼疫苗的使用方法

具体见"草鱼人工免疫防疫技术"。

三、技术应用

该技术已经在山西省黄河滩涂得到广泛应用，山西省水产技术推广站2010年试验结果，微孔管底增氧的池塘平均每亩全年用电量为307.8千瓦时，电费以0.5元/千瓦时计，则底层增氧电费约为154元/亩，叶轮增氧机增氧平均每亩全年用电量为796.6千瓦时，用电费约为398元/亩。而微孔管道增氧池塘相对于传统曝气池塘平均每亩节省电费约244元。浮性饲料试验，鱼种平均饲料系数1.315，成鱼平均饲料系数1.485，而使用沉性料饲养鱼种饲料系数达到1.5，沉性料饲养成鱼饲料系数达到1.7。使用膨化料与沉性料每千克鱼养殖成本基本相同。2011年草鱼疫苗试验可以提高成活率80%以上，减少每亩用药量70%以上，节约费用300多元。2012年通过3项技术的组合试验取得了良好的节能减排效果和养殖经济效益，总应用面积5 000多亩，对主产区覆盖率达到50%以上。

四、技术要点

（一）塘泥循环

秋季或春季池塘干塘后，经过几天晾晒，推土机下塘将塘泥犁翻（图127），基本干透后推至边坡或池埂（图128），在秋季可种植油菜，油菜收获后及时种植油葵（图129），完成两季农作物的种植达到对土壤有机物的最大吸收。

图127 犁翻塘泥

图128 塘泥推埂

图129 种植油葵

（二）底部微孔管道增氧

底部微孔增氧是由风机、微孔曝气管、输风管及配件组成，为方便安装和使用，微孔曝气管多以圆盘形式固定，每个圆盘直径80

厘米，微孔曝气管长度为12.5米左右，养鱼池塘每亩配置2～3个增氧盘，风机以罗茨鼓风机为主，有2叶和3叶之分，建议使用3叶风机，相对稳定和噪音小，风机安装在岸边与PVC管连接作为输风主管道，PVC管耐压达到10千克以上，主管道通过软管与微孔曝气盘连接。

微孔增氧机对快速增氧能力较弱，需要与叶轮式增氧机配套使用，每亩池塘配置微孔增氧机动力在0.25～0.35千瓦，叶轮式增氧机主要用于亩产高于1 000千克的池塘搭配。

改进型的移动式微孔增氧机具有更好的使用效果，其主要结构由可移动框架微孔增氧机和牵引机组成（图130），牵引机安装在岸边通过绳索将微孔增氧机框架与牵引机相连，并在牵引机往复运动下移动（图131）

图130　可移动框架微孔增氧机和牵　　图131　牵引机移动微孔增氧机
　　　　引机

另一种新型的移动微孔增氧机（图132）是由可变向微孔增氧框架、旋转浮盘、连接杆组成，结构简单实用，安装与叶轮式增氧机一样方便，每个微孔增氧机动力为1.5～2.2千瓦，在池塘中可与3.0千瓦叶轮增氧机相同配置，在安装中重点是设置好深度，曝气盘应在水下80～100厘米，离池底最好不超过100厘米，可保证使池塘底部的水体带入表层。

为了更好的解决池塘底质问题，目前最新的设计是一种能带有

图132　新型的移动微孔增氧机

搅底板的移动水质改良式微孔增氧机（图133），主要结构是在增氧机端部悬挂有可接触池塘底泥的搅动板，可以将底部的淤泥表层泥水进行搅动并通过气提作用将其中的有害物质进行氧化，将营养盐释放到水体中。

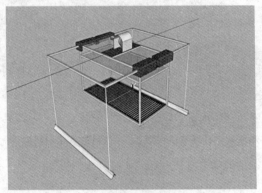

图133　移动水质改良式微孔增氧机

（三）浮性饲料

浮性饲料主要指的是全价膨化浮性饲料，要求在水面最少漂浮时间不少于2个小时，选择具有国家质量体系认证的生产厂家和产品。

投食管理是浮性饲料的主要环节，首先是选择适合养殖池塘的投食机，再就是要严格控制投食量，防止过量投喂。人工投喂可能会引起养殖鱼类规格整齐度差，也容易出现过量投喂问题，因此，必须经过适当的指导或培训后进行。

（四）草鱼疫苗

草鱼疫苗要求选择国家批准使用的产品，按中国水产科学研究院珠江水产研究所的技术要求操作，在连续多年使用后要对效果进行观察，在免疫效果明显下降后及时与生产厂家联系，防止病原变异而失效。

五、不同技术及集成结果分析

（一）塘泥循环技术

选择6个典型小型鱼塘作为研究对象，编号为1~6号。各鱼塘根据面积，采用网格法均匀布设3个采样点。

由表47可以看出，4号和5号塘未进行底泥的清淤，与1~3号塘相比，水体明显混浊，颜色呈绿色。鱼塘底泥中积累着大量剩余饲料及鱼类排泄物，这些物质的释放会对水体造成严重污染。

底泥清除能使鱼池水质得到一定程度的改善，总氮、总磷（表48）、非离子氨浓度下降较为明显,水体透明度明显增加。清除了池塘水质污染的内源，杜绝或减少了泥层中污染物向水体的扩散，水质得到改善，富营养化程度降低，而且经过疏挖，使清淤区水深增加，池塘容积增大，提高了鱼池蓄水能力，载鱼量也随之增加。

表47　各塘理化指标

编号	面积/亩	水深/米	水温/℃	pH	备注
1号	3.0	1.0	9.0	7.0~7.5	已清淤
2号	9.0	1.2	9.5	7.0	已清淤
3号	7.0	1.0	10.0	7.0	已清淤
4号	8.0	1.0	9.5	7.0	未清淤，水较混浊
5号	2.0	2.0	9.5	7.0~7.5	未清淤，水较混浊
6号	2.5	1.2	10.0	7.0~7.2	空塘，水最清澈

表48　各塘样品中总磷含量

编号	1号	2号	3号	4号	5号	6号
总磷/（毫克·升$^{-1}$）	0.174	0.286	0.122	0.972	0.762	0.146

（二）微孔增氧技术

采用底部微孔增氧的方法，增氧范围广，溶解氧分布均匀，增加了池塘底部的溶氧量，加快了对底部氨氮、亚硝酸盐、硫化氢的氧化，抑制了有害气体对鱼类的影响（叶轮增氧与微孔增氧方式下养殖水体中氨氮与亚硝氮含量比较见图134和图135）。底层增氧的鱼塘中氨氮比传统增氧机增氧的鱼塘中氨氮含量低很多。底层增氧鱼塘中的化学耗氧量（Mn）比叶轮增氧机增氧的鱼塘中化学耗氧量（Mn）低，表明底层增氧能通过增加水体中的溶解氧，更加有效地分解水体中的有机物。

相同的生长周期内，采用微孔管道底部增氧的鱼塘鱼类增重倍数为6.83，而传统叶轮增氧机增氧的鱼塘增重倍数为5.73；微孔管道增氧池塘相对于传统曝气池塘平均每亩产量提高167千克，平均每亩收益高1 410元（表49）。

经过3年的推广，应用面积已达到4 100亩，100多户，占山西省养殖池塘面积的22%。

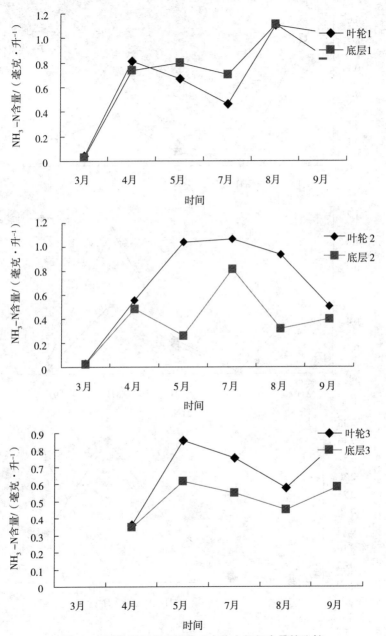

图134 两种增氧方式下养殖水体中氨氮含量的比较

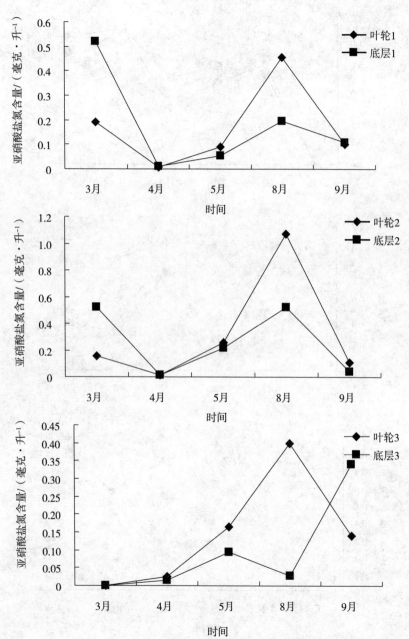

图135 两种增氧方式下养殖水体中亚硝氮含量的比较

表49 微孔管道底部增氧池与对照池各种鱼的产量与收益

投放品种	实验池		对照池	
	产量/（千克·亩⁻¹）	收益/（元·亩⁻¹）	产量/（千克·亩⁻¹）	收益/（元·亩⁻¹）
鲤	148.1	1 125.8	127.6	969.5
草鱼	1 160.1	11 601.0	987.7	9 877.0
鳙	62.7	313.7	54.6	273.0
鲢	68.7	219.9	58.1	185.9

（三）浮性膨化饲料技术

1. 试验地点

山西省永济市栲栳镇鸳鸯村，选择3户共7口池塘进行试验，共63亩，其中试验组水面36亩，4口塘，对照组水面27亩，3口塘。

2. 投喂方法

采用自动投饵机进行投喂，适时根据水温、天气、水质和鱼的摄食情况进行调整；一般每天投喂3~4次，时间分别为07：00、11：30、15：00和18：30，以饲料说明中按投饲率计算的投饲量作为参考，并根据鱼的实际摄食情况，采用80%饱食投饲法，每次投饲量以15~20分钟吃完为准。开始投喂在3月底到4月初，停止投喂时间为10月10日前后，总投喂期约190天，8月草鱼高发病期减少投饲量1%左右，日常投饲率2%左右，后期投饲率约1%。

3. 研究结果与分析

从试验结果（图136~图138）来看，采用浮性饲料的优点主要包括：① 成活率可提高5%以上；② 每亩用药可减少100元左右；③每千克鱼饲料成本可降低0.2~0.4元；④ 每亩可提高综合效益500~1 000元；⑤ 饲料系数比颗粒饲料低。

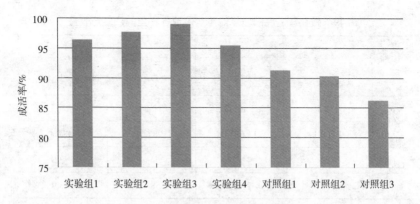

图136　草鱼成活率试验对比结果

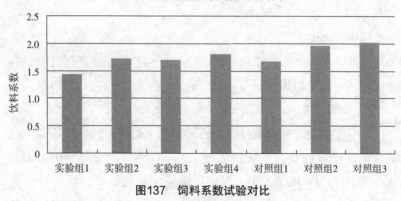

图137　饲料系数试验对比

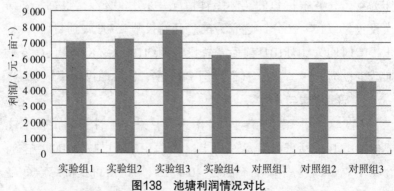

图138　池塘利润情况对比

（四）疫苗技术

注射疫苗的池塘草鱼成活率在98.3%以上；每亩用药170元。拌饲料口服疫苗的池塘草鱼成活率在91.4%；每亩用药332元。没有用疫苗的池塘草鱼成活率在89.6%；每亩用药335元（表50，表51）。

表50　永济市草鱼疫苗试验情况分析表

	池塘数量/个	水面/亩	草鱼投放/尾	死亡数量/尾	成活率/%	渔药费/元	亩渔药费/元
注射疫苗池塘	4	44	88 000	1 488	98.3	7 480	170
口服疫苗池塘	4	40	76 000	6 944	91.4	13 260	332
对照组池塘	6	55	99 600	10 380	89.6	18 450	335
合计	14	139	263 600	18 812	—	—	—

表51　3年养殖情况对照

年份	组别	放养量/尾	死亡量/尾	成活率/%	亩渔药费/元	亩增收/元
2011年	免疫塘	88 000	1 488	98.30	170	765
	对照塘	99 600	1 080	89.60	335	
2012年	免疫塘	212 000	1 965	90.30	160	984
	对照塘	652 000	70 350	80.20	313	
2013年	免疫塘	442 000	30 056	93.20	170	972
	对照塘	76 000	21 280	72.00	342	

（五）综合技术对比

2012年山西省永济市综合技术试验效益分类汇总见表52。

表52 2012年永济市综合技术试验效益情况分类汇总

内容	水面/亩	鱼体生长情况/（千克·亩⁻¹）		主要投入/（元·亩⁻¹）				亩产量/千克	亩效益/元
		投入	增重	饵料费	渔药费	电费	黄河水费		
底增氧	48	182.65	1 727.90	11 117	261	829	67	1 910.60	3 331.9
浮性料	20	186.00	1 741.95	11 376	300	1 200	279	1 927.95	4 603.4
疫苗	33	170.75	1 948.50	13 479	149	952	179	2 121.05	4 725.4
浮料和疫苗	111	199.20	1 857.30	12 061	121	995	168	2 056.50	5 149.2
三者都用	135	205.15	1 963.00	12 302	122	764	88	2 168.15	5 797.3

经济效益对比结果，综合技术在用电、饲料系数、用药成、总产量及总效益上都明显优于各单项技术（图139和图140）。

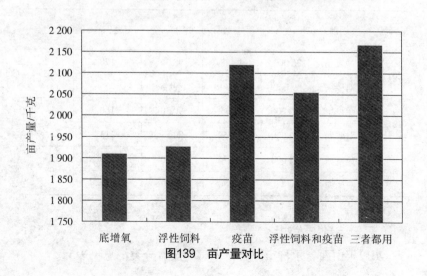

图139 亩产量对比

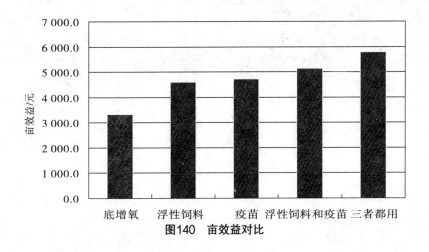

图140 亩效益对比

六、推广应用情况

山西省永济市是该省渔业主产区，占总池塘养殖产量的25%以上，养殖户多以养鱼为家庭主要生活来源，平均每个养殖户有养殖水面20~30亩，为了增加年收入，不断提高单位面积产量，由于水源有限，不能换水，只有依靠加大增氧机的配置，在养殖过程中水质恶化，能耗增加，病害不断，提高了养殖成本。在调查中发现，养殖户最怕的是死鱼，最难的是调水。自2011年承担农业部节能减排项目开始，逐步解决了养殖水质的问题，显著减少了病害的发生，并在技术推广过程中组建了鸳鸯、鸿博等示范合作社，经过3年推广，目前总应用面积已占该县50%以上，部分技术覆盖率达到90%。

技术依托单位：山西省水产技术推广站。

地址：山西省太原市迎泽区新建路45号，邮编：030002，联系人：丁建华，联系电话：13803461827。

（山西省水产技术推广站　丁建华，韩广建）

彩　图

彩图1　拱形浮床
彩图2　水上空心菜
彩图3　栽培空心菜
彩图4　养殖户慕宗友的水上蔬菜种植
彩图5　竹制尼龙绳浮床
彩图6　收纳式浮床展开情况

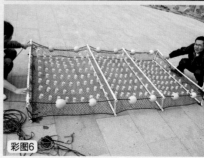

彩 图

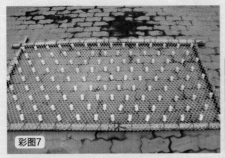

彩图7

彩图8

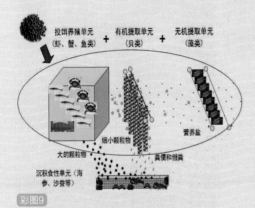

投饵养殖单元
(虾、蟹、鱼类) + 有机提取单元
(贝类) + 无机提取单元
(藻类)

营养盐

细小颗粒物

大的颗粒物

粪便和假粪

沉积食性单元(海参、沙蚕等)

彩图9

彩图7 可调控PVC网式浮床
彩图8 浮床的景观效应
彩图9 海水池塘多营养层次养殖
       示意
彩图10 滴灌种植水生蔬菜

彩图10

彩 图

彩图11

彩图12

彩图13

彩图14

彩图11　生物膜净水栅与浮球
彩图12　安装生物膜净水栅
彩图13　养殖池塘生物膜净水栅上生物膜的
　　　　形成
彩图14　生物膜净水栅在对虾高位池养殖中
　　　　的应用

彩　图

彩图15　定期检查生物膜净水栅上的生物膜

彩图16　单塘"非"字形微孔增氧

彩图17　充气管道的铺设

　　　　a.自制的微孔增氧圆盘　b.室内工

　　　　厂化直线式微孔增氧管

彩图18　草鱼出血病

彩图19　草鱼赤皮病

彩图20　草鱼烂鳃病

彩图21　免疫前免疫场所的搭建

彩 图

彩图22　背部肌内免疫注射

彩图23　腹腔免疫注射

彩图24　不同材质的防逃设施

　　　　a.塑料材质围栏　b.砖砌防逃墙

　　　　c.石棉瓦围栏

彩图25　几种优质高产的水稻品种

　　　　a.嘉禾218　b.嘉优5号

　　　　c.嘉禾优555

彩 图

彩图26

彩图27

彩图28

彩图26　水稻机插方法及大垄双行栽插技术

彩图27　水稻病虫害的诱虫灯防治

彩图28　池塘栽培的脆江蓠

彩 图

彩图29

彩图30

彩图31

彩图29 池塘栽培的鼠尾藻
彩图30 对虾-蝤网围分隔混养实际
　　　效果
彩图31 上海市松江池塘循环流水
　　　养鱼废弃物收集装置
彩图32 微孔气提式增氧推水设备

彩图32

彩　图

彩图33　江苏省吴江市水产养殖公司池塘循环流水养鱼池
彩图34　安徽省铜陵市兴建的池塘循环流水养鱼池
彩图35　J-SZ水产养殖水质在线监测及智能管理系统
彩图36　水质在线监测及智能管理系统的界面
彩图37　水质在线系统安装完成后的屏幕界面

彩 图

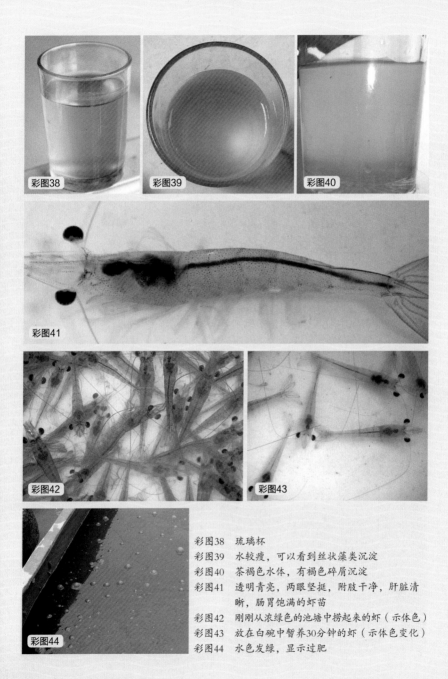

彩图38　琉璃杯
彩图39　水较瘦，可以看到丝状藻类沉淀
彩图40　茶褐色水体，有褐色碎屑沉淀
彩图41　透明青亮，两眼坚挺，附肢干净，肝脏清
　　　　晰，肠胃饱满的虾苗
彩图42　刚刚从浓绿色的池塘中捞起来的虾（示体色）
彩图43　放在白碗中暂养30分钟的虾（示体色变化）
彩图44　水色发绿，显示过肥

彩　图

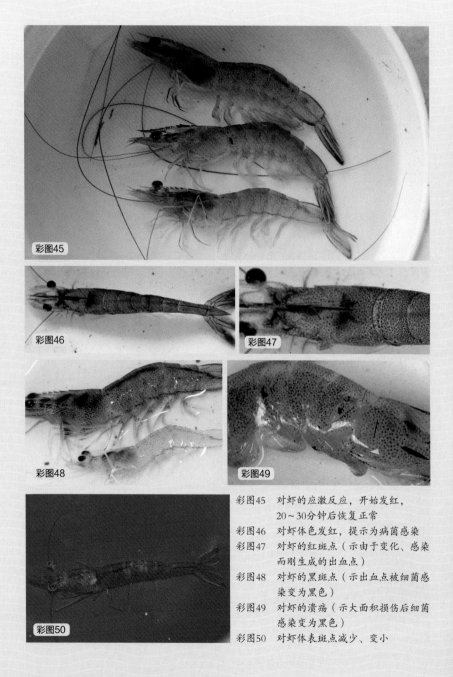

彩图45　对虾的应激反应，开始发红，20~30分钟后恢复正常

彩图46　对虾体色发红，提示为病菌感染

彩图47　对虾的红斑点（示由于变化、感染而刚生成的出血点）

彩图48　对虾的黑斑点（示出血点被细菌感染变为黑色）

彩图49　对虾的溃疡（示大面积损伤后细菌感染变为黑色）

彩图50　对虾体表斑点减少、变小

彩 图

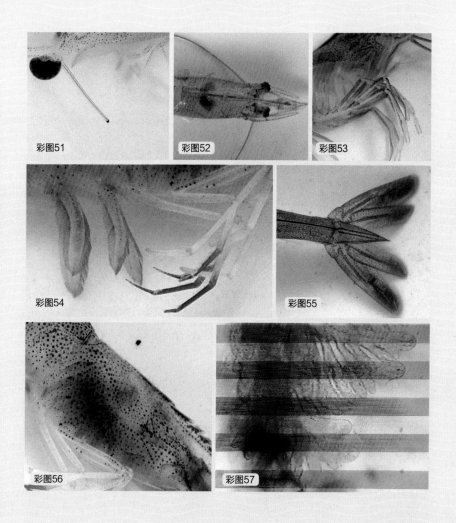

彩图51　对虾的断须（示断处为黑色，已受细菌感染）

彩图52　对虾的红须、烂眼（示应激、细菌感染）

彩图53　对虾的步足发红（示应激、细菌感染）

彩图54　对虾的足末端变黄（示底质差，细菌感染）

彩图55　对虾的尾扇发红（示应激、细菌感染）

彩图56　对虾的黑鳃

彩图57　显微镜下对虾的黑鳃

彩 图

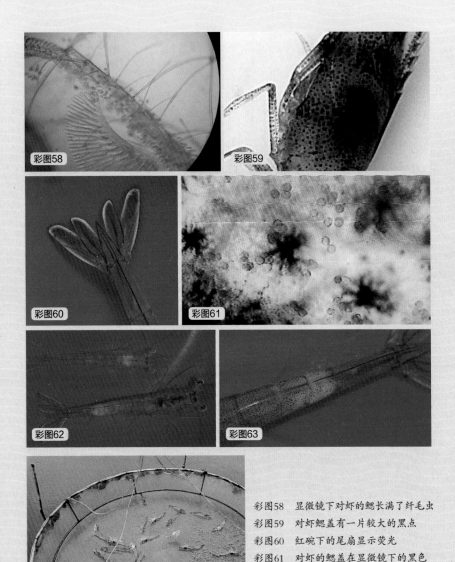

彩图58　显微镜下对虾的鳃长满了纤毛虫
彩图59　对虾鳃盖有一片较大的黑点
彩图60　红碗下的尾扇显示荧光
彩图61　对虾的鳃盖在显微镜下的黑色
　　　　出血点
彩图62　小虾未吃饲料，肝脏为淡黄色
彩图63　对虾肌肉白浊（示应激或感染）
彩图64　虾罾吃食情况检查

12